10대에게 들려주는 과학 이야기

김동광 지음

왜 과학이 문제일까?

반니

오늘날 우리가 살아가면서 과학이 중요하다는 것은 너무도 당연한 이야기가 되었다. 이제 우리는 휴대폰이나 인터넷, 지하철이나 자동차가 없는 세상을 상상도 할 수 없다. 얼마 전 국내 한 통신사의 화재 사고로 휴대폰 서비스가 중단되자 온 나라가 거의 마비상태에 빠졌던 것처럼 말이다. 출근시간대에 단 1시간이라도 지하철 운행이 중단된다면 학생과 직장인 모두 하루를 망칠 수밖에 없다. 현대를 살아가는 사람들에게 과학은 마치 숨쉬고 있는 공기처럼 없어서는 안 될 무엇이 되었다.

근대과학modern science은 오늘날 우리가 살고 있는 세계가 탄생하는 데 매우 중요한 역할을 했다. 17세기 아이작 뉴턴Isaac Newton의 《프린키피아Principia》가 발간되면서 근대과학혁명이 꼴을 갖추게 된 이래 유럽을 비롯한 서구 세계는 물질적으로나 정신적으로 비약적인 발전을 이루었다. 과학혁명이 곧바로 산업혁명으로 이어진 것은 아니지만, 기술 발달은 증기기관으로 대표되는 19세기 산업혁명이 이루어지는 데 지대한 영향을 주었다. 산업혁명을 바탕으로 인류는 생산력 측면에서 과거와 비교할 수 없는 진전을 이루었고, 자신을 둘러싼 세상을 통제하기 시작했다. 그 덕분에 오늘날 추운 극지방에서부터 깊은 바닷속에 이르기까지 인간의 발길이 닿지 않는 곳은 이제 거의 없다.

그뿐 아니라 근대과학은 신이나 마술과 같은 신비스러운 요소의 도움 없이도 이 세계를 과학적으로 설명해냈다. 덕분에 신성 神性이 지배하던 중세 봉건체계가 무너지고 프랑스 대혁명과 영국의 시민 혁명이 일어났으며, 공화제와 시민 민주주의를 토대로 한 근대 시민사회가 수립되는 과정에서 근대과학의 역할은 지대했다. 역사학자 대다수는 우리가 살고 있는 근대, 그리고 근대의 특징인 근대주의 modernism가 탄생한 두 가지 중요한 사건으로 프랑스 대혁명과 과학혁명을 주저 없이 꼽는다.

그렇지만 과학은 우리에게 많은 문제를 일으키기도 한다. 2011년 우리 사회를 온통 뒤흔들어놓았고 아직까지도 책임자 처벌과 피해보상이 제대로 이루어지지 않은 가습기 살균제 사망사건이 그 예 중 하나다. 가습기 분무액에서 나오는 세균을 간편하게 없애준다는 이유로 많은 사람이 사용한 가습기 살균제에 치명적인 폐 질환을 일으키는 유독 물질이 들어 있었다는 사실은 수많은 피해자가 나오고 나서야 밝혀졌다. 2020년 정부의 사회적참사특별조사위원회 집계에 따르면, 확인된 사망자만 1553명이고 그 밖의 피해자가 67만 명에 달한다. 일차적으로는 독성 물질에 대한 충분한 사전조사 없이 제품을 생산한 제조업체의 잘못이 가장 크지만, 이러한 위험성을 걸러내지 못하고 제품을 승인해준 과학자, 정부의 해당 부처, 그리고 화학물질로 간단히 세균을 없앨 수 있다고 믿었던 우리 사회 모두의 책임이라고 할 수 있다.

가습기 살균제 사망사건은 시민의 건강보다 돈이 먼저라는 과학 상업화의 전형적인 사례에 해당한다. 1980년대 이후 과학기술이 일상에 쓰이는 과정에서 상업화는 빼놓을 수 없는 현상이 되었다. 즉 돈이 되는 과학에만 연구비가 쏠리면서 정작 대중에게 이익이 돌아가는 공익적 과학 연구는 위축되는 것이다. 물론 상업화를 고려하지 않고 과학의 발전을 논하기는 어렵다. 가령 상업화를 가능하게 하는 특허와 지적재산권은 연구자의 창조적 사고가 독점적으로 보상을 받을 수 있게 해준 제도다. 만약 내가 수년간 힘들어 개발한 제품을 누군가가 아무런 보상 없이 훔쳐간다면 어떻겠는가? 그렇지만 오늘날에는 이러한 특허와 지적재산권만 지나치게 강조하고, 초국적 기업의 연구비가 돈이 되는 연구로만 쏠리면서 당장 이윤을 내지 못해도 인류에게 중요한 의미를 가지는 기초적인 연구가 사라지고 있다. 대학에서 철학, 인문학, 기초과학과 연관된 학과들이 빠르게 사라지는 것도 이러한 흐름과 닿아 있다.

과학의 상업화는 좀 더 넓게는 사회적 불평등을 확대하고 재생산하기도 한다. 20세기 후반인 1980년 이후부터 이른바 신자유주의 체제가 전 세계를 휩쓸면서 과학 연구도 지나치게 돈이 되는 쪽으로 치우치고 있다. 거대한 기업이 과학 연구에 필요한 천문학적 규모의 연구비를 지원하면서 수많은 과학자가 기업이 원하는 쪽의 연구로 몰리게 되고, 돈이 되지 않더라도 안전, 윤리, 생태, 환경, 젠더 등에 꼭 필요한 연구에는 투자가 몰리지 않는 현상이 빚어졌다. 기업이 첨단기술이나 신약 개발처럼 부가가치가 높은 쪽의 연구에 집중 투자를 하면 그 연구의 산물을 구입할 수 있는 사람들은 소수의 계층에 국한되고 나머지 사람들은 그 혜택에서 소외되거나 접근이 늦어지는 지체遲滯 현상도 나타났다. 이것은 과학이 발달할수록 사회적 불평등이 해소되기보다는 오히려 확대 재생산되는 어처구니없는 현상을 불러왔다.

최근 우크라이나와 러시아의 전쟁에서 볼 수 있듯이 과학은 전쟁과 불가분의 관계에 있다. 오늘날의 과학을 제대로 이해하려면 과학의 발전이 전쟁과 밀접한 관련이 있다는 사실을 염두에 두어야 한다. 그 역사는 멀리 고대에까지 거슬러 올라가지만, 가깝게는 20세기에 벌어진 두 차례의 세계대전과 뒤이은 냉전 체제에서 찾을 수 있다. 우선 두 차례의 세계대전은 수많은 사람을 살상하는 무기를 만드는 데 과학기술을 적극적으로 동원한 전쟁이었다. 제1차 세계대전의 독가스, 제2차 세계대전의 원자폭탄이 그 대표적인 예다. 전쟁과 냉전은 과학에 대한 대중의 인식에 큰 변화를 가져왔다. 그동안 과학이 인류의 모든 문제를 해결해줄 것이라는 낙관적 생각에 금이 간 것이다. 그뿐 아니라 두 차례의 세계대전에 과학이 철저히 동원되면서 이후 과학 연구의 방식이나 성격에도 큰 영향을 끼치게 되었다.

이 책은 오늘날 그 중요성이 더해지는 과학과 사회의 관계를 청소년들이 이해하는 데 도움을 주고자 한다. 어떻게 지금의 과학이 탄생하게 되었는지를 역사적·사회적으로 알아볼 것이다. 먼저 근대과학의 형성에서부터 두 차례의 세계대전과 냉전에 이르는 역사적 과정을 살펴보고, 그 과정에서 빚어진 과학의 상업화와 군사화라는 특성도 정리해본다. 앞으로 청소년들이 과학을 좀 더 바람직한 방향으로 이끌어가기 위해서는 과학에 대한 이해와 반성이 반드시 필요하다.

차례

1
근대 세계의 형성과
과학혁명

우리가 살고 있는 세계는 어떻게 지금과 같은 모습이 되었을까? 여러분은 근대 近代라는 말을 자주 들어보았을 것이다. 근대는 영어로 'modern time'이라고 하며, 근대가 가지는 특성을 '근대성 modernity'이라고 한다. 근대성 近代性이라고 하면 조금 어렵게 들리지만 '근대＋특성'의 준말이다. 말 그대로 우리가 살고 있는 시대의 특성을 가리킨다. 우리말로 풀어 쓰면 근대스러움, 근대다움 정도가 될 것이다. 다시 말해 근대가 그 이전의 시대, 즉 고대 古代나 중세 中世와 비교해서 다른 특징을 뜻하는 말인 셈이다.

그렇다면 지금 우리가 살고 있는 근대의 특성이 생겨나는 데 과학은 어떤 역할을 했을까? 많은 학자가 근대가 시작하는 중요한 사건으로 프랑스 혁명과 과학혁명을 꼽는다. 프랑스 혁명이 전제왕정이 무너지고 공화정이 탄생하고 오늘날 우리가 채택하고 있는 민주주의의 토대를 마련하는 데 중요한 역할을 했다는 사실은 잘 알려져 있다. 하지만 그만큼 중요한 역할을 한 과학혁명에 대해서는 상대적으로 잘 알지 못한다.

르네상스와 마술적 자연관의 유행

16세기와 17세기에 걸쳐 유럽, 특히 영국을 중심으로 일어난 역사적 사건을 흔히 '과학혁명 scientific revolution'이라고 부르는데, 이는 세계를 바라보는 관점에 큰 변화를 가져왔다. 코페르니쿠스의 지동설에서 갈릴레오를 거쳐 뉴턴의 《프린키피아》에 이르러 완성된 일련의 혁명은 힘과 운동을 중심으로 세계를 해석하는 물리주의적 관점과 기계론적 세계상을 수립했다. 과학 중에서도 물리학이 가장 으뜸이라고 여겨진 것도 근대과학이 세계를 물리적으로 해석하고 기계론적으로 설명했기 때문이다.

르네상스는 흔히 고대의 지식과 지혜의 부흥과 재발견의 시대로 묘사된다. 그러나 다른 한편 르네상스는 사회경제적으로 큰 변화가 일어났던 시기이기도 하다. 중세의 봉건 질서가 무너지면서 사회적 이동성 social mobility 이 높아졌는데 여기에는 1347년에 발생한, 약 2500만 명 이상이 희생되었고 일부 지역에서는 전체 인구의 절반이 몰살되었던 흑사병이 계기가 되었다. 당시 유럽에서는 흑사병의 원인을 알 수 없었기 때문에 유대인과 외국인을 원인으로 지목하여 학살을 자행하기도 했는데 이러한 사건들이 엮여 기존 체계의 혼란과 붕괴를 불러일으켰다.

중세 봉건체제라는 질서가 서유럽에서 붕괴하면서 사상과 세계관 측면에서도 변화가 일어났다. 르네상스는 각기 다른 새로운 사상이 우후죽순처럼 나타나면서 서로 치열한 경쟁을 벌였던 시기였다. 그중에서 가장 주목할 만한 르네상스의 새로운 흐름이 헤르메스주의 hermeticism 로 대표되는 마술적 자연관이다. 이 사상적 흐름은 신플라톤주의의 부활과 중세시대에 억압되었던 고대 지혜의 흐름인 헤르메스 트리스메기스투스 Hermes Trismegistus 의 저작을 새롭게 번역하면서 크게 부흥했다. 이 움직임은 중세 이후 16세기와 17세기에 나타난 변화된 사상적 분위기, 즉 우주와 자연에 대한 인간의 태도가 변화하는 중요한 기원이 되었으며 근대과학이 형성되는 기초가 되었다.

헤르메스 트리스메기스투스는 한때 실존 인물로 알려지기도 해서《구약성경》에 나오는 모세와 동시대에 살았던 이집트 성직자라는 설도 있었다. 그렇지만 오늘날에는 실존 인물이 아니라 고대 古代의 지혜의 흐름을 상징하는 것으로 여겨진다. 이 지혜의 흐름은 고대 그리스보다 앞선 이집트 마술로 대략 2세기경에 형성된 것으로 알려져 있다.

그렇다면 마술적 자연관이란 무엇일까? 어떻게 마술이 과학과 관계가 있다는 것일까? 얼핏 생각하기에 마술은 과학과 아무런 관계가 없을 것 같지만, 역사가 프랜시스 예이츠 Frances Yates 는 예이츠 테제 Yates thesis 를 통해 종전까지 과학혁명이나 근대과학과 무관한 것으로 알려졌던 신비주의적 마술적 철학이 자연마술 自然魔術과 같은 단계를 거쳐 근대과학을 형성하는 데 중요한 영향을 미쳤다고 주장했다. 마술적 그물망으로 연결되어 있는 세계를 인간이 적극적

 헤르메스 트리스메기스투스를 묘사한 그림. 헤르메스주의는 연금술과 점
성술로 세상을 파악한다.

으로 조작함으로써 지식을 얻을 수 있다는 새로운 태도가 근대과학의 특징이라고 할 수 있는, 세계에 대한 적극적 태도에 동기를 제공했다는 것이다.

헤르메스주의는 우주를 신비하고 마술적인 힘으로 짜인 네트워크라고 인식했고, 인간이 이 힘과 유기적으로 상호작용해서 우주 현상에 영향을 미칠 수 있다고 보았다. 당시 막 알려지기 시작한 전기와 자기와 같은 신비로운 현상이 이런 원리를 뒷받침하는 근거로 여겨졌고 '공감共感'과 '반감反感'으로 이 세계의 삼라만상과 그 원리를 설명할 수 있다고 믿었다.

흔히 마술이라면 누군가에게 주술을 걸어 저주하고 인형을 만들어 바늘로 찔러 상대에게 해코지를 하는 흑마술black magic이 전부라고 생각할지 모르지만, 마술의 종류에는 자연마술white magic 또는 natural magic도 있다. 우리에게 익숙한 연금술이 자연마술에 속한다. 연금술은 말 그대로 구리나 납, 주석 등의 물질을 합성해 금을 만들려는 시도로 결국에는 성공하지 못했다. 당시에는 금이 단일원소라는 사실을 알지 못해서 벌어진 일이었지만, 그 과정에서 많은 연금술사가 끈기 있게 여러 가지 물질을 혼합하고 그 결과를 관찰함으로써 황산과 염산을 비롯해서 오늘날 중요하게 여겨지는 여러 가지 화학물질을 부산물로 얻었다. 역사학자들은 이처럼 자연 물질에 변형을 가해서 새로운 물질을 얻으려는 적극적 태도가 근대과학의 중요한 기반이 되었고, 실험 관찰과 같은 근대과학의 방법론에 큰 영향을 미쳤다고 평가한다.

삼라만상은 기계장치, 과학적 사고가 태동하다

상업과 광업, 촌락과 도시의 성장, 화약이나 인쇄술과 같은 새로운 발명, 인도로 향하는 신항로의 개척, 그리고 신세계의 발견 등은 과학혁명을 일으킨 중요한 요인이었다. 시대가 변하면서 자연철학자와 의사, 그리고 외과의들은 히포크라테스, 갈레노스, 플리니우스의 가르침에는 없었던 식물, 동물, 질병 등을 맞닥뜨리게 된다. 그들은 새롭게 밀려들어 오는 문물과 난생처음 접하게 된 신기한 동물과 식물, 확장된 지리적 세계에 대해서 어떤 식으로든 설명을 내놓아야 했다.

이러한 사회적 요구를 앞두고 16, 17세기의 과학혁명을 거치면서 기계론機械論 철학이 세워졌다. 기계론은 중세시대까지 서구를 속박했던 신을 중심으로 한 세계 해석, 즉 신성神性에서 세계를 풀어냈다. 르네상스 시기에 한창 위세를 떨쳤던 마술적 자연관에 반해, 유기적으로 얽혀 있던 자연을 오로지 물리적 힘과 운동에 의해서만 작동하는 대상으로 새롭게 바라보는 데 중요한 역할을 했다.

이후 17세기에 걸쳐 서유럽의 과학계 전체에서 자연에 대한 기계적 관념을 향한 다양한 움직임이 생겨났다. 이러한 움직임에는 몇 가지 특성이 있었는데 첫째, 르네상스 자연주의, 즉 마술적 자연관과 갈등을 빚었다. 둘째, 자연에 대한 지식과 기계 기술의 발달을 통해 자연을 지배할 수 있다는 믿음이 있었다. 셋째, 이러한 지식을 통해 세계를 더 나은 곳으로 만들 수 있다는 생각이 퍼졌다.

근대 초기에 자연의 이미지는 정복하거나 통제해야 할 무질서하고 혼돈스러운 무엇이었다. 야생의 자연은 중세의 유기적 자연관이나 자연을 마술적 힘의 네트워크로 보는 르네상스의 마술적 자연관과 달리 인간이 이성의 힘으로 질서를 부여해야 할 대상으로 인식했다. 무질서하고 길들여지지 않은 자연은 과학에 기반한 물음과 실험적 방식에 굴복해야만 했다.

기계론을 어느 한 사람이 이끈 것은 아니지만, 그 토대를 닦은 인물로 꼽히는 프랜시스 베이컨 Francis Bacon 은 이러한 자연관을 확립하는 데 중요한 역할을 해냈다. 베이컨은 르네상스 이후 백가쟁명처럼 등장한 마술적 자연관의 다양한 흐름과 맞서서 자연과 우주에 붙박여 있던 인간을 떼어내 독립시키고, 인간의 정체성을 이성과 자연에 대한 통제라는 관점에서 새롭게 바라보았다. 이러한 관점은 중세 이래 신성神性과 유기적 세계관에 얽매여 있던 인간을 문자 그대로 떼어내 분리함으로써 인간이 독립성을 얻고, 인간 이외의 세계를 개발하고 이용할 수 있는 인식적 토대를 구축했다.

물론 베이컨이 과학 지식에 직접 기여한 부분은 크지 않다고 볼 수 있다. 그는 수학의 중요성을 제대로 인식하지 못했지만, '과학'이 나아가야 할 방향을 잡았고, 그 방법론을 수립했다. 가장 중요한 기여는 과학이 자연에 대해서 가지는 태도, 그리고 궁극적으로 과학을 수행하는 사람들이 견지해야 하는 핵심적인 요소를 정립했다는 점이다.

베이컨은 자신의 방법론을 바탕으로 자연을 이해하고 정복할 수 있으리라 보았다. 그 지식이 전례를 찾을 수 없는 물질적·사회적 성공으로 이어질 것이라는 낙관적 믿음을 결코 잃지 않았다. 그는 인간의 의지로 자연을 마음대로 통제하고 이용하고 착취하는 것을 찬양하고 정당화하는 '새로운 윤리'를 구축했다. 그는 자연이 과학이 제기하는 "물음에 복종해야" 한다고 주장했다. 자연이라는 자궁 속에 감추어진 비밀과 자원은 관찰과 같은 수동적인 방법으로는 발견할 수 없고, 자연은 기술에 의해 "강요"되고 "주조鑄造"될 수 있는 "노예"로 간주해야 하며, 인간을 위해 봉사하도록 만들어야 한다고 생각했다. 그는 기계 기술로 인간이 자연을 정복하고 복종시키고 "그녀에게 엄청난 충격을 주게" 될 것이라고 확신에 차서 주장했다. 베이컨에게 자연은 관찰의 대상이 아니라 인간이 자신이 원하는 자원을 얻기 위해 노예처럼 부리고, 궁금한 답을 얻기 위해 "닦달해야"

할 대상이었다.

이후 베이컨의 방법은 곧 과학적 방법, 즉 귀납법으로 정식화되었다. 베이컨이 생각한 귀납은 과거처럼 단순한 사실 수집이나 열거가 아니라 자연에 대해 적극적으로 문제를 제기하고 자신의 관점, 즉 기계론적 관점에 맞지 않는 사실을 제거하는 능동적 과정을 통해서 작동하는 방법론이었다. 따라서 그의 귀납법과 기계 철학은 불가분의 관계에 있다. 이제 자연철학자의 역할 모델role model이 바뀌게 된 것이다. 베이컨은《과학의 성장De Augmentis Scientiarum》에서 유명한 광부와 대장장이의 비유를 통해 새로운 세계의 윤리가 자연을 정복하고 노예처럼 부리는 것이라고 주장했다.

> 광부와 대장장이는 자연을 심문하고 바꾸는 새로운 계급의 자연철학자 모형이 되어야만 했다. 그들은 자연의 비밀을 그녀로부터 캐내는 두 가지 가장 중요한 방식을 발전시켰는데, "그 하나는 자연의 내장을 파고 들어가는 것이고, 또 다른 하나는 모루 위에서 자연의 형상을 만드는 것이다." … 지구의 가슴속 자연의 진실은 어떤 깊은 광산과 동굴 속에 감추어져 있기 때문이다.

베이컨은 과학 지식을 바탕으로 모든 수준에서 사회를 개혁할 수 있다고 믿었다. 17세기 자연철학자들은 단지 자연에 대한 지식을 늘리는 데 그치지 않고, 지배자에서 신민에 이르기까지 모든 사람의 수준을 향상시키기 위해 노력했다. 베이컨에게 과학이 가져오는 효과는 의심의 여지없이 긍정적이었고, 과학 자체가 좋은 것이었다. 베이컨의 낙관주의를 보았을 때 사회개혁에도 과학이 중심적 역할을 해야 한다고 생각했음은 분명하다. 이처럼 과학을 중심에 놓은 사회개혁의 꿈은 사후 출간된 그의 저서 《뉴아틀란티스 New Atlantis》에서도 분명하게 드러난다. 여기에는 과학자가 통치자이고 과학이 사회의 핵심원리가 되는 이상향의 섬이 나온다. 이 가상의 섬에는 당시 개발되지 않았던 잠수함이나 인위육종과 같은 수많은 기술이 묘사되기도 했다.

생태학자이자 페미니스트인 캐럴린 머천트 Carolyn Merchant 는 베이컨의 방법론이 자연과 여성을 동일시한다고 주장한다. 즉 영어에서 자연을 여성 her 으로 표현하는 것이 단순한 은유에 그치지 않고 실제로 근대주의가 자연과 여성의 착취를 정당화한다는 것이다. 이러한 태도가 널리 확산되면서, 여성의 역할을 재생산의 자원으로 바라보게 되었다. 또 자연을 여성으로 보는 관점은 과학 지식이 자연을 제압하는 인간 man, 즉 남자 권력이라는 생각을 주입했다. 이러한 관점에 따르면 마녀 심문과 자연에 대한 심문이 같은 뿌리에 있는 셈이다.

한편 프랑스의 자연철학자 르네 데카르트René Descartes는 잘 알려진 이원론Cartesian dualism으로 르네상스 자연주의에 반론을 제기했다. 그는 모든 실재를 두 가지 실체로 분류했다. 하나는 정신의 영역이고 다른 하나는 물질의 영역으로 그 본질은 외연外延인 실체이다. 데카르트는 이것을 '사고의 실체res cogitans'와 '외연의 실체res extensa'로 구분했다. 그리고 두 가지 실체를 명확하게 구분할 수 있다고 생각했다.

데카르트의 이원론은 오늘날 우리가 세계를 바라보는 방식, 즉 근대적 인식론과 존재론에 모두 큰 영향을 끼쳤다. 이원론은 르네상스의 마술적 자연관과 달리 물질세계에서 정신적인 요소를 완전히 분리했다. 또한 이러한 이분법은 정신적인 특성을 오로지 인간에게만 부여함으로써, 르네상스 이래 인간과 자연 사이의 다양한 관계를 모색하던 움직임 대신, 인간을 중심으로 세계를 해석하고 나아가 개발exploit할 수 있는 관점을 정당화했다. 이것은 한편으로는 르네상스 마술적 자연관에 대한 공격이면서, 다른 한편으로는 더 이상 세계를 해석하는 데 신의 도움이 필요하지 않다는 일종의 선언으로 볼 수 있다.

이로 인해 근대는 새로운 윤리, 즉 인간을 중심으로 세계를 마음대로 정복하고 개발할 수 있는 토대를 마련했다. 이것은 당시 막 맹아를 이루었던 근대 세계의 요구에 기반한 세계관이었다. 한편으로

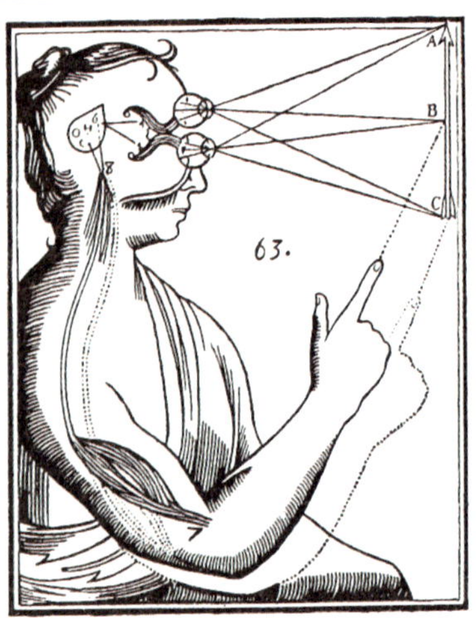

 르네 데카르트 이원론을 설명한 그림. 외부의 자극은 감각기관으로 들어와 뇌의 송과선을 거쳐 무형의 영혼과 상호작용한다.

는 정신과 물질을 구분해서 황폐하지만 근대라는 세계가 설 수 있
는 물리적 세계관을 확보했고, 다른 한편으로는 인간이 자신의 이
성을 토대로 이 세계를 해석할 수 있는 정당화를 이루었다. 이것은
이후 뉴턴이 《프린키피아》를 통해서 지상과 천상의 모든 움직임을
설명해낼 수 있는 인식적 토대를 제공했으며, 나아가 서양인들이
도덕적으로 아무런 양심의 가책이나 윤리적 부담 없이 숲을 갈아엎
고, 대양을 횡단할 수 있는 발판을 제공했다.

뉴턴, 근대 과학혁명을 완성하다

이러한 기계론적 관점을 기반으로 뉴턴은 물리적 세계관을 완성
했다. 뉴턴은 세 가지 운동법칙을 비롯해 수많은 물리법칙을 발견
했다는 점에서 가장 위대한 과학자 중 한 명으로 꼽힌다. 그중 가장
중요한 업적은 기계론을 집대성했다는 점이다. 그는 "내가 멀리 볼
수 있는 것은 거인의 어깨 위에 올라섰기 때문"이라는 유명한 말을
남겼는데, 그것은 그가 코페르니쿠스 이래 천체역학의 혁명과 기
계론 철학을 종합한 《프린키피아》에서 기계론적 세계관 완성했다
는 사실을 잘 보여준다. 그는 과학혁명을 완성한 기점으로 여겨지
는 1687년에 《프린키피아》를 펴냈다. 원제목은 '자연철학의 수학적

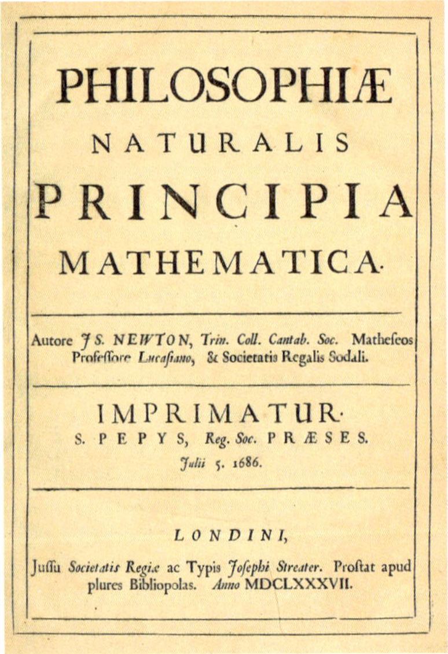

PHILOSOPHIÆ
NATURALIS
PRINCIPIA
MATHEMATICA.

Autore JS. NEWTON, Trin. Coll. Cantab. Soc. Matheseos Professore Lucasiano, & Societatis Regalis Sodali.

IMPRIMATUR.
S. PEPYS, Reg. Soc. PRÆSES.
Julii 5. 1686.

LONDINI,

Jussu Societatis Regiæ ac Typis Josephi Streater. Prostat apud plures Bibliopolas. Anno MDCLXXXVII.

그림3 《프린키피아》 초판의 표지. 이 책에서 뉴턴은 만유인력의 법칙을 기술한다.

원리'다. 당시만 해도 아직까지 '과학'이라는 단어 대신 '자연철학 natural philosophy'이 쓰였다. 참고로 과학 science 이라는 용어는 19세기에서야 등장한다.

그는 《프린키피아》에서 "나는 이 책을 철학의 수학적 원리로 제시한다. 철학의 임무가 이것이기 때문이다"라고 말했다. 운동의 현상으로부터 자연의 힘을 탐구하고, 그 힘들로부터 다른 현상을 보여주는 것이 자연철학의 임무라는 것이다. 오늘날 수학이 과학의 언어로 중요하게 여겨지는 것도 바로 여기에서 비롯되었다. 《프린키피아》는 모두 3권으로 이루어졌는데, 1권은 물질입자의 운동을, 2권은 저항이 있는 공간에서의 물질입자 운동, 즉 유체역학을 다루었다. 3권은 가장 유명한, 만유인력 법칙이라고 불리는 중력 법칙을 서술했다. 이 책은 이제 신이나 초자연적 설명의 도움 없이 대포알의 궤적에서 멀리 떨어진 행성과 항성, 그리고 혜성의 움직임까지 오로지 역학 법칙만으로 설명하고 있다. 기계론 철학이란 이처럼 삼라만상을 힘과 운동이라는 기세적 역학으로 설명하고 우주를 거대한 기계장치로 보는 철학을 일컫는다. 이로써 신에 의한 세계 해석에서 인간에 의한 세계 해석으로 전환한 것이다.

뉴턴이 체계화한 것은 바로 이러한 기계론 철학이었고, 이 관점은 17세기 이후 지배적인 세계관으로서 공고한 지위를 누린다. 기계론적 세계관은 크게 세 가지로 정리할 수 있다. 첫째, 이 세계는 입자粒子로 구성되어 있다. 물질이 그것을 구성하는 부분들, 즉 입자로 이루어져 있다는 실체entity로서의 존재론을 증명한다. 즉 무엇이 있다는 것은 실체實體로서 확인 가능하다는 관점이다. 둘째, 자연은 법칙에 가까운 것에 의해 지배당하며, 그 속에 질서가 내재되어 있다. 법칙성에 대한 가정인 것이다. 이것은 뉴턴이 가정한 시계장치 우주clockwork universe의 유비를 뒷받침한다. 이 가정은 이성理性의 힘으로 이 법칙을 이해할 수 있다는 믿음으로 이어진다. 셋째, 자연의 수학화다. 질에서 양으로의 환원 가능성. 이것은 일견 무질서해 보이는 자연을 인간이 다룰 수 있는 방식으로 전환할 수 있다는 믿음, 즉 양화量化를 통해서 인간의 의지가 개입할 수 있는 영역으로 바꿀 수 있다는 믿음이다.

자연을 정량화하는 법

과학혁명의 과정을 거치면서 나타난 또 하나의 중요한 특징은 세계를 양量으로 인식하고 수치로 표현하는 방식일 것이다. 중세 유럽인은 프톨레마이오스와 아르키메데스를 높이 평가했지만 유리· 칼· 오르간 등의 물건을 만드는 방법을 적어놓은 설명서에는 아직 숫자를 거의 사용하지 않았다. 중세시대 사람들은 정확성을 기하기 위해서가 아니라 효과성을 위해서만 숫자를 활용했다.

하지만 대체로 르네상스 시기부터 나타난 자연의 수학화 또는 양화quantification라고 불리는 일련의 현상으로 유럽인의 경험이 변화하면서 서구의 인식체계 역시 바뀌어갔다. 중세가 끝나가면서 전통적인 세 계급, 즉 농민, 귀족, 성직자로 구성된 중세 유럽 사회에 새로운 부류의 계층이 탄생했다. 이 새로운 계층은 매매와 환전업에 종사하는 사람들로, 중세사 연구자인 자크 르 고프Jacques le Goff가 "계산의 대기大氣"라고 칭한 것을 만들어낸 사람들이었다. 그들은 계산할 수 있는 모든 것을 계산했고, 과거에는 양으로 전환할 수 없다고 생각한 것까지 계산 가능한 영역으로 끌어들였다. 이른바 '질에서 양으로'의 대전환이 이루어지기 시작한 것이다.

이들이 오늘날 우리가 부르주아지bourgeoisie라고 부르는 계층이었다. 부르주아지는 원래 성burg이나 성안 마을bourg에 사는 사람을 뜻하는 말이었다. 13세기 말경 자유를 추구하던 농민들이 도시에서 1년 1일을 거주하면 자유민이 될 수 있었고, 이는 "도시의 공기는 자유를 만든다"는 독일의 유명한 경구도 만들어냈다. 이 말처럼 자유로워진 새로운 유형의 사람들은 기계를 이용해 부를 축적하고, 그 부를 이용해 자신들의 사회적 지위를 높이는 데 성공했다. 새롭게 등장한 상인과 금융업자들 중 일부는 메디치가처럼 자신들의 가문을 세워 명문가로 세력을 떨치기도 했다. 그동안 유럽에서 정치적·경제적 권력을 독점해왔던 귀족과 고위 성직자들은 이들의 등장에 위협을 느꼈지만 부르주아지를 억압할 수는 없었다. 그들의 재산과 기술을 사용하지 않고는 자신들의 야망을 이룰 수 없었기 때문이었다.

서구는 양화量化라는 새로운 세계관을 통해서 자신들을 둘러싼 세계를 인식하는 새로운 틀을 세웠다. 시간과 공간이라는 가장 근본적인 인식 역시 양화의 영향을 받았다. 과거에 시간은 순환적 개념이었다. 대부분의 농경사회에서 시간은 농사의 절기를 아는 데 필요했을 뿐, 정밀한 시간 개념이나 과거에서 현재, 그리고 미래로 일정하게 흐르는 시간의 정향성定向性, 즉 시간의 화살은 필요하지 않았다. 다시 말해서 지금이 1년 중 어느 절기에 속하는지가 중요했지, 몇 년인지는 중요하지 않았고, 더욱이 몇 시 몇 초 같은 정밀한 시간도 알 필요가 없었다. 고대 그리스의 플라톤주의자, 북아메리카 원주민, 그리고 인도와 마야인에 이르기까지 인류 대다수는 시간의 패턴이 우리 눈앞에서 벌어지는 자연의 패턴과 비슷하다고 생각했다. 그것은 낮과 밤의 변화, 계절 변화와 같은 주기적 순환의 패턴이었다.

그러나 이러한 시간관은 근대 이후 큰 폭으로 변화했고, 1735년 영국의 존 해리슨John Harrison이 해상에서 정확히 시간을 측정할 수 있는 계시計時 장치인 크로노미터chronometer를 발명하면서 새로운 양상으로 접어든다. 계시기를 발명하게 된 데는 당시의 사회경제적 맥락이 있었는데, 대항해시대에 장거리 항해를 하기 위해서는 경도 측정이 필요했고, 경도를 알려면 정확한 해상 시계가 필요했기 때문이었다. 당시 유럽 열강은 해외 식민지와 상업 해로를 개척하기 위해 서로 경쟁했는데, 영국은 서인도제도까지 여섯 주 동안 긴 항해를 견뎌내고 도착한 항구의 경도를 오차범위 0.5도 이내로 맞추는 발명품에 상을 주기로 했고 결국 해리슨 형제가 이 상을 거머쥐었다.

양화는 공간에 대한 인식에도 큰 변화를 일으켰다. 역사학자 앨프리드 크로즈비 Alfred Crosby 는 양화와 시각화 visualization 라는 새로운 접근법으로 유럽인이 실재 實在에 채워진 족쇄를 풀 수 있게 되었다고 말한다. 크로즈비는 자신의 책《수량화 혁명 : 유럽의 패권을 가져온 세계관의 탄생 The Measure of Reality : Quantification and Western Society, 1250-1600》에서 말한다.

상파뉴 시장에서의 양모 가격의 기복이든 하늘에 있는 화성의 진로이든 그것을 종이 위에, 아니면 마음속의 종이 위에라도 그려보라. 그리고 실제로든 상상으로든 그것을 균등한 단위로 쪼개보라. 그 분할된 단위가 몇 개인지를 헤아려보면 그것을 계측할 수 있게 된다.

 존 해리슨이 1772년에 만든 크로노미터인 H5. 현재 런던 과학박물관에 전시 중이다.

　무엇이든 똑같이 균등한 단위로 표현할 수 있다면, 자연은 양으로 환원 가능한 무엇이 될 수 있다.

과학혁명이 근대 세계에 미친 영향 

　과학혁명을 통해 새롭게 형성된 세계관은 우리가 살고 있는 근대 세계의 토대가 되었다. 특히 기계론적 세계관과 정량화 혁명은 그동안 신의 뜻으로 우리가 살고 있는 세계를 설명하려는 경향을 말 그대로 기계론적인 물리적 법칙으로 대체했다. 뉴턴주의가 프랑스대혁명의 중요한 이론적 토대가 되었던 것은 그 때문이다. 뉴턴주의로 대표되는 새로운 과학은 이후 왕정을 무너뜨리고 공화정이 수립되고, 그동안 귀족과 성직자가 독점했던 권력을 해체한 후 새롭게 형성된 시민계급을 중심으로 한 시민사회가 탄생하는 데 크게 기여했다.

　그렇지만 하나의 문이 열리면 하나의 문이 닫히듯이, 근대적 세계관의 수립 과정은 어두운 측면도 낳았다. 그동안 인간이 세계와 맺고 있던 다양하고 풍부한 관계가 인간을 중심으로 인간만이 세계를 지배하는 인간중심주의로 축소되고, 세계에 대한 마술적 해석이 물리주의를 중심으로 한 기계적인 설명으로 환원되었다. 인간과 세계, 인간과 자연의 관계를 바라보는 관점에 엄청난 변화가 일어난 셈이다. 따라서 환경론자들 중에는 최근 환경오염과 생태계 파괴를 비롯해 기후 문제, 코로나19와 같은 새로운 전염병이 팬데믹으로 수년 동안 지속되는 전 지구적 위기가 속출하는 것도 그 근원에는 기계론과 인간중심주의가 지배적인 세계관이 되었기 때문이라고 주장하는 사람도 있다.

마술에서 과학으로

오늘날에는 마술이라고 하면 과학과 무관하거나 완전히 상반되는 무엇으로 여긴다. 그러나 서구에서 근대과학이 처음 피어나던 르네상스 이후 17세기까지는 마술과 과학의 경계가 모호했다. 사실 과학, 사이언스라는 용어도 1833년 윌리엄 휴얼William Whewell이 사이언티스트라는 말을 처음 사용하면서 시작되었고, 그 전까지 자연철학natural philosophy으로 불렸다. 그러니까 과학은 인간을 둘러싼 자연현상을 설명하고, 자연과 인간의 관계를 폭넓게 탐구하는 무척 진지한 영역이었던 셈이다.

이러한 배경에서 마술적 세계관은 르네상스 이후 강한 영향력을 발휘했다. 베이컨과 데카르트와 같은 기계론 철학자들이 닦은 토대 위에서 뉴턴이 기계론적 세계관을 집대성하기 전까지는 오히려 신비주의적인 여러 경향이 주류를 이루고 있었다. 헤르메스주의라고도 하는 마술적 자연관은 중세시대에는 억압되었던, 고대로부터 이어온 지혜였다. 마술적 세계관은 기독교가 지배하던 유럽에서 탄압을 받으면서 근동 지방을 비롯한 다른 지역에서 전파되다가 유럽에서 중세 봉건체계가 무너지고 르네상스가 시작되자 다시 유입되면서 큰 힘을 얻었다.

움베르토 에코의 소설 《장미의 이름》은 영화로도 제작되었는데, 중세시대에 고대의 지식이 어떻게 지하로 들어갈 수밖에 없었는지 잘 보여준다. 소설의 대략적인 이야기는 이렇다. 중세의 수도원에서는 아리스토텔레스의 《시학》을 읽는 것이 금기시되었고, 수

도원의 수사들이 이를 몰래 읽는 것을 못마땅하게 여긴 보수적인 도서관장이 책장에 독을 묻혀 수사들이 연쇄적으로 죽어 나간다. 소설에 등장하는 로저 베이컨 등은 실제 인물로 자연학에 관심이 높은 신학자였다.

르네상스 이후 오랫동안 이러한 마술적 세계관은 퍼져나갔고, 근대과학을 수립하는 데 지대한 영향을 주었다. 가령 점성술은 인류 문명이 탄생하여 근대적인 천문학이 수립되기까지 하늘을 관찰하고 해석을 내놓는 중요한 역할을 했다. 지금은 점성술을 과학과는 전혀 무관한 심심풀이나 신비주의로 간주하지만, 당시 점성술은 동서양을 막론하고 천체 현상을 관측하고 해석하는 가장 높은 수준의 학문이었다. 우리나라에서도 조선시대 천체관측기관인 관상감에서 기록한 〈성변측후단자星變測候單子〉에는 1664년부터 1759년까지 핼리혜성을 관측한 기록이 그림과 함께 상세하게 남아 있다. 사실 점성술은 근대 천문학과 비교할 수 없을 만큼 오랜 역사를 가지며, 왕조의 운명과 길흉화복을

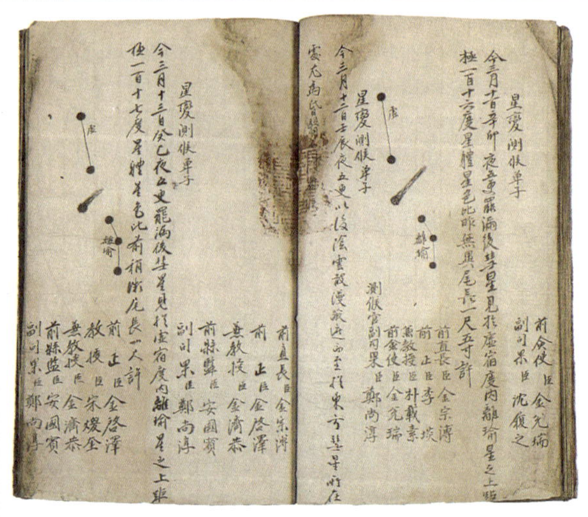

그림5 〈성변측후단자〉를 묶은 《성변등록星變謄錄》은 조선시대의 천문학자들이 관측 활동으로 얻은 사실을 구체적으로 기록한, 우리나라 천문학사의 연구에 귀중한 자료로 서울시 유형문화재로 지정되어 있다.

알아보는 중요한 역할을 했다. 점성술과 천문학의 경계는 우리가 생각하는 것처럼 명확하게 나뉘지 않는다.

코페르니쿠스에서 케플러, 갈릴레오에 이르기까지 천체혁명을 이룬 사람들도 실은 주된 업무가 왕족이나 귀족들의 별점을 쳐주는 일이었다. 당시 천문학자들은 왕가나 귀족들에게 생계를 의존했고, 이들 후원자가 요구하는 다양한 종류의 활동에 대해 점을 치는 일은 중요한 업무였다. 사실 근대 물리학을 수립한 인물로 여겨지는 뉴턴도 실제로는 오늘날의 관점에서 물리학에 해당하는 연구보다는 연금술에 관한 논문을 더 많이 썼다. 그래서 뉴턴을 최후의 마술사, 연금술사라고 부르는 학자도 있다.

하지만 마술적 세계관은 17세기 이후 등장한 새로운 세계관인 기계론과의 경쟁에서 패하고 그동안 누리던 여러 가지 지위를 과학에 넘겨주게 된다. 이러한 과정은 종교나 철학 역시 마찬가지라고 할 수 있다. 근대과학은 마술, 종교, 철학 등에서 여러 가지 요소를 끌어내 오늘날 우리가 과학이라고 칭하는 새로운 지식 추구 양식을 벼려냈다. 그리고 마술, 철학, 종교, 예술 등은 그동안 자연에 대한 해석에서 자신이 가지고 있던 요소를 과학에게 내주고 그 지위가 이전에 비해 훨씬 줄어들었다. 그중에서도 특히 마술은 과거의 영예를 대부분 잃고 유희를 위한 도구로 전락하고 만다.

전쟁과 과학

과학이 발달하면 전쟁이 일어나지 않을까? 과학기술의 힘으로 전쟁을 억제할 수 있을까? 1장에서 보았듯 근대과학은 인간의 이성을 중시하며 이성의 힘으로 세계를 이해할 수 있다는 믿음에서 출발했다. 논리적으로 생각하면, 과학이 발달할수록 이성의 힘이 더 세져 비이성에 기반한 전쟁은 일어나지 않을 거라고 생각할 수 있다. 하지만 안타깝게도 첨단과학의 시대인 21세기에 들어선 후에도 전 세계에서는 크고 작은 전쟁이 그치지 않았다. 지금 이 순간에도 지구 반대편인 우크라이나에서 러시아와 치열한 전쟁이 벌어지는 것처럼 말이다.

사실 전쟁과 과학은 항상 밀접한 관계에 놓여 있다. 과학이 인류의 복지 증진을 위해서만 기여하면 좋겠지만, 애석하게도 인류 역사상 과학은 언제나 전쟁을 통해 비약적으로 발전했고, 전쟁 역시 점점 더 과학기술에 의존했다. 그리고 이러한 역사는 오늘날 과학의 모습에 많은 영향을 주었다. 현대 과학의 중요한 특징이 구체적으로 형성된 것은 두 차례의 세계대전과 뒤 이은 냉전의 결과다. 또한 오늘날 과학이 낳고 있는 수많은 문제의 원천도 그 과정에서 비롯되었다. 말하자면 전쟁과 과학은 서로 떼려야 뗄 수 없는 긴밀한 관계에 있는 셈이다.

이 장에서는 먼저 두 차례의 세계대전이 과학과 어떤 관계를 가졌는지 살펴보고, 전쟁과 냉전 과정이 과학 연구에 어떤 영향을 주

있는지 살펴볼 것이다. 두 차례의 세계대전 이전과 이후의 과학에는 큰 차이가 있다.

제1차 세계대전과 독가스 ✳

두 차례의 세계대전은 그동안 어떤 전쟁보다도 과학기술에 의존했다. 전쟁은 단기간에 과학기술의 발전을 가능케 했고, 당시의 첨단과학은 전쟁에서 승리하기 위해 총동원되었다.

제1차 세계대전은 처음으로 과학기술이 대거 적용된 전쟁으로, 최초의 기계화 전쟁이라고 불리기도 한다. 오늘날 우리가 알고 있는 자동식 소총, 기관총, 탱크 등 대표적인 전쟁 무기들이 제1차 세계대전에서 처음 모습을 드러내거나 본격적으로 개발되었다. 특히 제1차 세계대전에서 독가스가 처음으로 사용되었는데, 이러한 치명적인 무기가 대폭 사용되면서 전쟁의 양상이 과거와 완전히 달라졌고, 군사적으로 이용할 수 있는 과학기술이 크게 발달했다. 이를 '과학기술의 군사화'라고도 한다. 유명 과학사가인 폰 데어 골츠 백작Graf von der Goltz은 "근대과학과 기술을 바탕으로 이루어진 모든 진보는 즉각 인류를 절멸시키는 혐오스러운 기술에 적용되었다"라고 개탄했다.

제1차 세계대전에서 과학이 어떻게 전쟁 무기에 적용되었는지 좀 더 구체적으로 살펴보자. 먼저 금속을 다루는 야금술과 공작기계의 발전으로 대포와 휴대용 화기의 크기와 범위, 정확성과 발사 속도 등이 크게 나아졌다. 과거에는 총을 쏘려면 총구 앞쪽으로 화약과 총알을 장전해야 했지만, 총기의 뒤편으로 총알을 넣는 후장식後裝式 소총이 개발되었고, 나아가 총신 안쪽에 나선 모양의 강선이 새겨져 탄환이 회전하면서 보병 부대의 유효 사거리는 수백 미터에서 수천 미터로 늘어났다. 1860년대부터 개발하기 시작한 기관총도 비약적으로 개량되어 사실상 전쟁에서 가장 많은 사상자를 낸 무기로 거듭난다.

화학공업이 발전해 화약의 원료인 질산염이 대량으로 생산되면서 연기가 나지 않는 무연無煙 화약이 등장함으로써, 전장터의 시야 확보가 가능해 좀 더 정확하게 포탄을 발사할 수 있었다. 한편 교통수단도 발전해 곧바로 전쟁에 기여했는데, 과거에는 말이나 마차를 이용해 물자를 옮겼지만 철도를 이용하면서 수백만 명의 병사를 불과 며칠 만에 전장으로 내보내는 놀라운 기동력을 갖출 수 있었다.

통신도 전쟁의 양상을 바꿨다. 1890년대 굴리엘모 마르코니Guglielmo Marconi가 발명해서 20세기 초 실용화된 무선통신은 해군과 육군의 최고 지휘관들이 방대한 지역에 걸쳐 휘하 함대는 물론 전투 소대 단위까지 세밀하게 통제하고 작전을 지시할 수 있게 했다.

그림6 제1차 세계대전 중 독가스는 대량 학살을 가능케 하는 잔혹한 무기로 떠올랐으며 모든 병사가 방독면을 착용할 수밖에 없었다.

게다가 식품을 보존하는 기술과 통조림 저장법은 전국 규모로 모집한 엄청난 숫자의 징집병들에게 오랜 기간 동안 신선한 식량을 제공할 수 있게 했다.

제1차 세계대전에서 전쟁의 양상을 가장 참혹하게 바꾸어놓은 과학기술은 독가스였다. 사실 누가 독가스를 먼저 전투에 사용했는지는 불확실하다. 그렇지만 대체로 전쟁사가들은 프랑스가 1914년 8월에 독가스를 처음 사용한 것으로 보고 있다. 그러나 독일과 영국도 모두 앞다투어 독가스를 개발했고, 무서운 독성을 지닌 독가스가 빠르게 전장에 퍼졌다.

초기에 사용된 독가스는 최루가스 수준으로 인명을 살상하기보다는 일시적으로 전투력을 약화하는 정도였다. 그러나 독일의 화학자 프리츠 하버 Fritz Haber 가 염소가스를 개발하고, 프랑스의 화학자 빅토르 그리냐르 Victor Grignard 가 포스겐가스를 만들면서 독가스를 이용한 전쟁의 양상이 이전과는 완전히 달라졌다. 염소가스는 조금만 마셔도 호흡기 점막이 손상되고 1시간 이상 노출되면 사망에 이르게 했다. 포스겐가스는 2005년 여수산업단지에서 유출되어 수십 명이 호흡곤란에 빠진 질식성 가스다.

유럽 문명과 과학적 이성이 추락하다

독가스가 전쟁에 사용된 주요한 이유는 전투가 교착상태에 빠져 장기화되면서 참호전의 양상을 띠었기 때문이다. 참호전이란 땅에 구덩이를 파고 야전 사령부와 군인들이 참호 속에 숨어서 오랫동안 서로 포격전으로 대응하는 전쟁 형태를 말한다. 참호전은 1914년부터 시작되어 전쟁이 끝날 때까지 이어졌는데, 독가스는 대개 공기보다 무거워서 적의 참호를 공격하는 데 적합했다.

참호에서는 조금만 땅을 파도 물이 솟아나왔고, 물웅덩이에는 포격전으로 죽은 병사와 동물들의 사체가 수킬로미터에 걸쳐 널려 있었다. 전선 전역에 악취가 진동했고, 병사들은 언제 포탄이 자신이 숨어 있는 참호에 떨어질까 두려움에 떨었다. 무기력하게 참호 속에 웅크려 있다가 '포탄 쇼크 shell shock'라 불리는 일종의 정신질환에 시달리는 병사들도 부지기수였다.

병사들은 적이 아니라 독가스와 같은 "비열한 화학자들의 발명품"과 "역겨운 물리학자들의 살인 장난감"에 저주를 퍼부었다. 제1차 세계대전 동안 모두 12만 톤이 넘는 독가스가 사용되었고, 악명 높은 이프르 전투에서 영국군과 독일군은 각각 수십만 명에 이르는 인명 손실을 입었다. 1917년 5개월간의 공격으로 차지한 플랑드르 지방에서는 평방마일당 8000명 이상의 인명 손실이 발생했다.

1916년 전략적으로는 중요하지만 보잘것없는 언덕이었던 베르됭 요새를 차지하기 위해 독일이 1년에 걸쳐 벌였던 무익한 노력으로 독일과 프랑스 양편이 입었던 손실은 사망자 42만 명, 독가스와 부상에 피해를 입은 병사가 80만 명에 달했다. 그야말로 참상이 계속된 셈이다.

제1차 세계대전에 참여했던 수많은 지식인은 전쟁이 기계적이고 조직적인 살인 사업이 되었다고 한탄했으며, 과거에는 인류에게 더할 수 없는 이익을 가져다준다고 여겨졌던 과학 연구가 치명적인 무기를 개발하는 도구로 악용되는 모습을 비판했다.

또한 유럽인들은 더 이상 자신들이 이성을 통제하고, 이성적 사고의 산물이 반드시 인류를 바람직한 방향으로 나아가게 한다고 확신할 수 없게 되었다. 150여 년 동안 서구를 지배했던 유럽 문명의 우수성과 진보에 대한 믿음이 추락한 것이다. 영국과 프랑스를 비롯한 유럽 여러 나라의 식민지에서 차출된 병사들은 그동안 식민 모국이 자랑하던 유럽 문명이 서로를 말살하는 데 골몰하는 모습을 직접 목도했고 참호 속에서 처참하게 죽어가는 참상을 지켜보면서, '이것이 너희들이 그토록 자랑하던 최고의 서구 문명이 낳은 결과냐'고 노골적으로 빈정댔다.

두 차례의 세계대전을 거치면서 물리적인 폭격으로 유럽의 대도시가 황폐화되었지만, 그보다 더 심각한 것은 이성을 대표하는 과학이 인류를 더 나은 미래로 이끌 수 있다는 믿음이 크게 손상되었다는 점이었다. 제1차 세계대전이 발발하기 전에 서구의 많은 정치가와 지식인은 유럽에서 이성에 기반한 과학이 발달할수록 전쟁이 일어나지 않을 것이라고 믿었고, 실제로 전쟁이 시작된 후에도 발달한 무기 덕에 금세 전쟁이 종식될 것이라고 믿었다. 그러나 현실은 그렇지 않았다. 과학의 발달은 전쟁을 막지 못했고, 새로운 물리학과 화학 이론은 오히려 더 많은 인명을 살상하는 무기 개발로 이어졌다. 역사상 전례를 찾을 수 없는 규모로 파괴와 인명 피해가 속출했다. 이러한 양상은 제2차 세계대전에서 더 심해졌다.

제2차 세계대전과 거대과학 시대 

제2차 세계대전을 거치며 과학과 전쟁은 한층 공고하게 결합했다. 레이더, 컴퓨터 그리고 원자폭탄과 같은 사례에서 볼 수 있듯이 제2차 세계대전은 그 어느 때보다도 과학기술의 영향을 많이 받은 과학전의 양상을 띠었다. 양차 대전 사이, 즉 간전기에 전쟁에 참여한 과학자들의 숫자는 크게 늘어났다. 더 중요한 변화는 전쟁을 위한 과학 단체들이 생겨나 좀 더 체계적으로 과학과 기술이 전쟁에 '동원'되었다는 점일 것이다. 전쟁에 참여했던 나라들은 영국이나 미국, 프랑스 등의 연합국이든 독일과 이탈리아, 일본 등의 추축국이든 모두 과학과 군軍을 조직적으로 결합했다. 그리고 이러한 노력은 실제로 상당한 효과를 발휘하게 된다.

영국에서 과학 연구는 먼저 군 관련 부서들과 결탁했다. 해군본부, 육군성, 공군성, 그리고 과학 및 산업연구성 등의 연구 위원회들이 그 결과물이었다. 그리고 여러 자문위원회가 이러한 조직을 보조했다. 여러 자문위원회는 정부에 과학 자문을 하는 통로를 형식화하는 역할을 했다. 미국에서는 1941년에 과학연구개발국Office of Scientific Research and Development, OSRD이 설립되었다. OSRD는 민간의 통제하에 있었지만, 군사에 필요한 연구 개발에 엄청난 자금을 지원했고 루스벨트 대통령과 직통 회선이 연결되어 있었다. 독일의 경우 독일연구위원회Reich Research Council가 비슷한 역할을 했다.

이처럼 제2차 세계대전은 과학기술이 진쟁과 전면직으로 결합한 과학화 전쟁으로서 이후 군사적 목적을 염두에 둔 과학 연구를 당연한 것으로 만들었다. 전시의 긴급한 성격을 이유로 여러 분야의 과학자를 징발해서 단기간에 문제 해결을 시도하는 초超학제적 연구 관행, 즉 하나의 학문 분야를 넘어서서 여러 분야의 학자가 모여 공동의 문제를 해결하는 연구 방식을 정착시켰다. 영화 〈이미테이션 게임〉을 보면, 독일군의 강력한 암호체계 에니그마를 풀기 위해

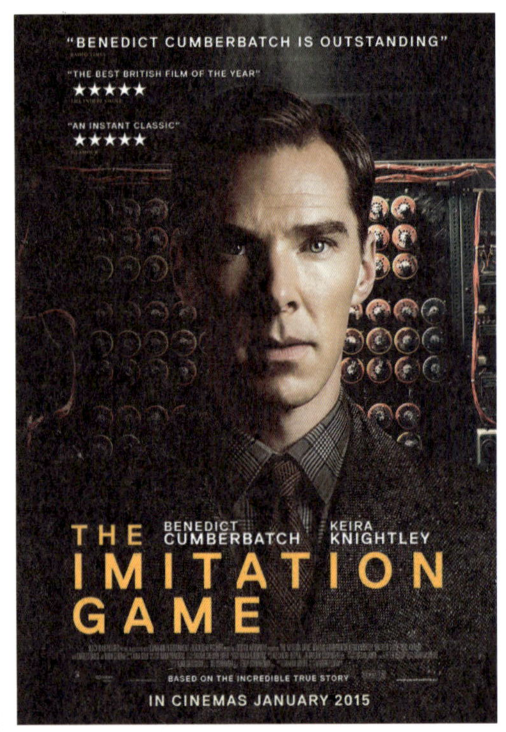

그림7 영화 〈이미테이션 게임〉은 초기의 거대과학 프로젝트의 면모를 생생하게 보여준다.

영국의 수학자 앨런 튜링 Alan Turing 을 비롯해서 언어학자와 물리학자 등 평소라면 공동 연구를 하지 않았을 여러 분야의 학자가 함께 머리를 맞대서 문제를 해결한다. 원자폭탄 제조 계획이었던 맨해튼 프로젝트 등도 정부가 주도적으로 여러 분야의 과학자를 동원해 비상 계획이란 명목하에 진행한 거대한 과학 프로젝트였다.

전쟁은 수많은 사람을 살상하고 환경에도 엄청난 피해를 초래한 만큼 과학을 연구하는 방식에도 심대한 영향을 끼쳤다. 제2차 세계대전 이전의 과학과 이후의 과학은 완전히 다르다고 볼 수 있다. 전쟁 이후 이른바 '거대과학 Big Science'이 탄생한 것이다.

거대과학을 한마디로 요약하면 '제2차 세계대전 이후 새롭게 등장한 과학 연구 방식'이라고 할 수 있다. 먼저 거대과학의 선조뻘에 해당하는 움직임은 20세기 초에 이른바 대규모 과학의 흐름에서 시작되었다. 먼저 이러한 흐름이 시작된 분야는 입자물리학이었다. 입자물리학은 연구 성격상 거대한 입자가속기를 건설해야 했기 때문에 막대한 예산과 수많은 연구원이 필요했다. 미국의 로렌스버클리연구소는 마침내 사이클로트론 cyclotron 이라는 거대한 입자가속기를 건설하면서 거대과학의 전형을 보여줬다. 또한 전파망원경이나 우주 공간에 띄워 올린 허블 망원경과 같은 거대한 망원경을 필요로 하는 천문학도 거대과학의 한 분야였다.

거대과학은 막대한 비용, 엄청난 물리적 자원, 인력, 기술력 등을 요구했다. 그래서 소수의 개인이나 작은 연구 집단으로는 엄두도 내지 못하는 새로운 연구 방식이었다. 예를 들어 거대한 입자가속기는 지름이 수십 킬로미터에 달하고, 이를 건설하기 위해서는 천문학적 비용과 자원이 필요하다. 또한 입자가속기 하나를 수백 명의 전문 과학자가 운용해야 한다.

거대과학은 많은 사람이 과학 연구에 갖고 있는 이미지를 완전히 바꿔놓았다. 예를 들어 과학자의 모습이라면 아인슈타인처럼 자신의 연구실에 틀어박혀 다른 사람들과 고립된 채 우주의 진리를 탐구하는 장면을 흔히 떠올리지만 이러한 과학자의 모습은 거대과학의 영역에서 일하는 과학자들의 모습과는 사뭇 동떨어진 것이다.

거대과학이 불러온 특징을 살펴보자. 먼저 거대과학이 등장하기 전에는 과학 연구의 목표와 방향을 학자 개인이나 작은 연구자 집단이 정했으나 등장 이후 연구소, 기업, 나아가 국가가 과학 연구의 키를 쥐게 된다. 다시 말해 연구의 주도권initiative 이 과학자 개인에서 자본이나 국가와 같은 거대 조직으로 넘어가게 되었다는 뜻이다. 과거에는 과학자들이 자신의 관심사에 따라 연구 주제를 정했지만 제2차 세계대전이 끝나면서 과학자들은 이제 자신의 관심이 아니라 연구비를 지원받거나 직장을 구하기 쉬운 분야로 연구 주제를 정할 수밖에 없게 되었다. 대기업이나 국가가 의도적으로 특정한 분야에 연구비를 지원했고 과거처럼 자유로운 연구에는 지원을 줄였기 때문이다.

거대과학이 불러온 두 번째 특징은 과학 연구의 중앙집중화, 관료화, 그리고 정치화다. 많은 연구자가 함께 모여서 단일한 연구 주제를 놓고 분업하다 보니 자연스럽게 연구는 중앙집중화되고 관료화될 수밖에 없었다. 그래서 연구관리자가 생겨나고, 보다 많은 연구비를 얻어내기 위해 이른바 자신의 연구를 홍보하고 의회와 정치권에 로비해야 하는 새로운 풍속도 자리 잡았다. 한 연구에 따르면, 미국의 경우 연구비를 얻기 위해 자신의 연구를 홍보하고 연구비 지원서를 작성하는 등의 업무에 들어가는 시간이 계속 늘어나 최근에는 전체 연구시간의 30%가량이 이러한 일들에 쓰인다.

이러한 현상에 기반해 과학은 이른바 상업화되고 정치화되었다. 다시 말해서 실험실에서 열심히 연구하는 과학자보다 정치권에 줄을 대고, 기업에 자신의 연구 결과를 열심히 홍보해서 연구비를 많이 얻어내는 과학자가 더 높은 평가를 받는 기이한 현상도 나타났다. 연구비를 더 많이 확보하기 위해 자신의 연구를 과대 포장하는 사례도 나타났다. 거대과학은 한편으로 과학 연구의 효율성을 달성했지만 결국 다른 한편으로는 이러한 부작용을 낳고 말았다.

세 번째 특징은 첨단기술과 과학의 결합이다. 일반적으로 과학과 기술을 분리해 기초과학에서 발견한 것을 응용과학에 해당하는 기술이나 공학이 사용한다고 생각하는 경향이 있다. 그렇지만 이런 생각은 실제 과학과 기술이 작동하는 방식과는 상당한 차이가 있는데, 실제로 산업혁명 과정에서 사용된 기술은 대부분 과학의 도움 없이 당시 테크니션 technician 에 의해 독자적으로 발전했다. 증기기관의 사례처럼, 먼저 기술적 발견이 이루어진 후에 과학적 설명이 이어진 사례도 많다. 열역학법칙이 바로 그렇다.

제2차 세계대전 이후 과학과 기술의 경계는 더욱 모호해져서, 첨단기술의 도움 없이는 과학 연구 자체가 어려워졌다. 예를 들어 컴퓨터 기술과 과학의 결합이 대표적인데, 오늘날 컴퓨터의 도움을 받지 않는 과학 연구는 거의 없다고 보아도 된다. 사람의 유전체를 해독한 인간유전체계획 Human Genome Project, HGP 도 빠르게 염기 분석을 하는 자동 시퀀싱 기술이 없었다면 결코 단기간에 완성될 수 없었을 것이다.

이들 대규모 연구 계획은 거의 모두 미국이 주도했다. 거대한 과학 연구를 지탱할 수 있는 물적·인적 토대를 갖춘 나라였기 때문이었다. 한편으로는 20세기 초반에 미국에서 유행했던 이른바 거대주의 giantism 도 한몫했다. 엠파이어 스테이트 빌딩으로 대표되는 거대주의는 미국이 경제 대국으로 진입하면서 강대국의 이미지를 확고히 수립하려는 경향을 보인 것이었다. 여기저기서 거대한 과학박물관을 짓기 시작한 것도 미국이 거대한 자연사박물관을 건립하면서 만들어낸 일종의 유행에서 비롯되었다. 그런 면에서 거대과학을 미국식 과학이라고 보는 학자들도 있다.

맨해튼프로젝트와 원자폭탄

　이러한 거대과학의 사례 중 대표적인 것이 전쟁 와중에 진행된 원자폭탄 제조 계획, 즉 맨해튼프로젝트 Manhattan Project 다. 프로젝트를 처음 논의한 도시의 이름을 따 프로젝트의 이름으로 삼았는데, 이 프로젝트의 결과물은 일본의 히로시마와 나가사키에 떨어져 전쟁을 종결한 원자폭탄이다.

　제2차 세계대전이 한창이던 1939년에 헝가리 태생으로 미국에 망명해 있던 레오 실라르드 Leo Szilard 와 몇몇 과학자는 당시 물리학이 가장 발전한 독일에서 원자폭탄을 만들지 모른다는 가능성을 제기했다. 원자폭탄은 이미 원자 물리학자들의 연구로 이론적인 가능성은 확인된 상황이었고, 누가 먼저 실제로 폭탄을 만들지가 문제로 남아 있었다. 실라르드는 당시 과학계에서 가장 영향력이 있던 아인슈타인을 설득했고 아인슈타인은 당시 미국 대통령 루스벨트에게 원자폭탄을 개발해야 한다는 서한을 보낸다. 결국 이 서한은 받아들여졌고, 미국은 뉴멕시코의 사막지대에 비밀 연구소인 로스앨러모스연구소를 세워 원자폭탄 개발에 착수했다. 이 계획에 수많

그림8 1945년 9월, 인류 최초의 원폭 실험인 트리니티 테스트 2달 뒤 실험 현장을 찾은 오펜하이머와 레슬리 그로브스 장군.

그림9 일본에 원자폭탄이 투하된 이후 최대 버섯구름은 6km 상공까지 피어올랐다. 왼쪽은 히로시마에 원자폭탄 리틀 보이, 오른쪽은 나가사키에 원자폭탄 팻 맨이 투하되어 폭발한 모습이다.

은 과학자가 동원되어 원자폭탄 개발이라는 단일한 목표에 매진했
고, 1944년에는 로버트 오펜하이머 Robert Oppenheimer 의 총괄 아래
무려 3000여 명의 과학기술자가 모여서 작업했다.

원자폭탄은 1945년 7월에 드디어 완성되었다. 그리고 폭탄을 정
말 투하할 것인지를 두고 논란이 벌어졌다. 대다수는 이미 패전으
로 치닫고 있던 일본에 원폭을 투하하는 데 반대했지만 정치가들과
군부는 투하할 것을 밀어붙였고, 결국 폭탄은 도시 한복판에 떨어
졌다.

애초에 원자폭탄 개발을 제안한 실라르드와 아인슈타인은 투하
반대 운동을 조직했고, 당시 평화 운동에 적극적으로 참여하고 있
던 아인슈타인은 자신이 원폭을 개발하라는 서한에 서명한 것을
"일생일대의 실수"라고 안타까워했다. 원폭 개발을 진두지휘했던
오펜하이머도 "나는 이제 죽음의 아버지, 세계의 파괴자가 되었다"
라고 한탄했다. 오늘날 많은 역사학자가 원폭 투하에는 종전을 앞
당겨 연합군의 피해를 최대한 줄이려는 의도보다는 전쟁 이후의 미
소 관계에서 주도권을 장악하려는 의도가 강하게 작용했다고 평가
한다.

맨해튼프로젝트로 개발한 원자폭탄을 투하한 것은 거대과학을
통해 개발된 과학기술이 어떤 식으로든 현실 세계에 활용된다는 사
실을 시사한다. 다시 말해서 엄청난 비용과 자원을 투자한 기술은

그것이 인류에게 진정한 이익을 가져다줄 것인가라는 의문에 답을 하지 않은 채 그 자체의 추진력으로 어떻게든 쓰인다는 것이다. 거대과학을 통해 개발된 기술은 되돌리기 힘들다.

1945년 8월 일본 히로시마와 나가사키에 원폭이 투하되면서 세계는 원자폭탄 이전과 이후로 나뉘었다. 처음에 미국은 원자폭탄을 다른 나라가 개발하는 데 상당한 시간이 걸릴 것으로 예상하고, 절대적인 힘의 우위를 통해 전쟁을 막을 수 있다고 생각했다. 하지만 예상은 보기 좋게 빗나갔다. 소련이 불과 몇 년 후인 1949년에 원폭 실험에 성공했기 때문이었다.

전쟁이 끝나자 냉전시대가 도래했고, 미국과 소련이 경쟁적으로 핵무기를 개발해 비축하면서 지리한 핵 군비 경쟁이 시작되었다. 소련이 핵을 개발하자 미국은 1952년에 수소폭탄 실험에 성공했고, 이듬해인 1953년에 소련도 수폭 실험에 성공했다. 1960년대까지 영국, 프랑스, 중국도 핵 클럽에 차례로 가입하면서 세계는 돌이킬 수 없는 핵전쟁의 위험에 빠져들었다. 이러한 상황은 오늘날에까지 이어져 북한이 핵폭탄을 개발하면서 한반도도 핵전쟁의 위협에 시달리게 되었다.

원자폭탄의 영향은 사람들의 일상에도 그늘을 드리웠다. 불안한 일상이 시작된 것이다. 군비 경쟁으로 강대국들이 언제든지 서로를 절멸시킬 수 있는 엄청난 양의 핵폭탄을 보유하게 되자 미국은 핵공격에 대비하기 위한 광범위한 민간 방어 훈련을 조직했고, 세계는 상시적으로 전시 체제 및 군 동원 체제를 유지할 수밖에 없었다. 과거에는 전쟁이 전선에 국한되었지만, 핵무기와 대륙간탄도미사일 ICBM 이 개발되면서 전후방이 따로 없는 총력전의 양상을 띠게 된 것이다. 미국에서는 '덕 앤 커버 Duck and Cover, 몸을 웅크리고 방호물 밑으로 피하는 동작'라 불리는, 핵공격에 대비한 개인방어훈련을 동영상, 노래, 포스터 등 다양한 형식으로 제작해 초등학교에서 직장에 이르기까지 모든 사람이 습득할 수 있게 했다. 과거에 비해 규모와 강도는 많이 낮아졌지만, 우리나라에서도 정기적으로 전쟁 발발에 대비하는 민방위 훈련을 실시하고 있다.

스탠리 큐브릭 Stanley Kubrick 감독의 영화 〈닥터 스트레인지러브〉(1964)는 인간의 손으로 만들었지만 통제할 수 없는 일촉즉발의 핵전쟁 상황으로 치닫게 된 이른바 '통제의 딜레마'라는 주제를 희화하며 핵무기와 함께 살아가야 하는 새로운 냉전시대가 낳은 불안감과 광기를 잘 보여주고 있다. "나는 어떻게 근심을 멈추고 폭탄을 사랑하게 되었는가"라는 영화의 부제는 영화가 만들어진 지 60여 년이 넘는 지금까지 우리가 겪고 있는 상황을 잘 대변하고 있다. 이 시기에는 핵 군비 경쟁으로 인한 상호확증파괴 Mutual Assured Destruction, MAD 가 당연한 전제로 받아들여졌기 때문에 두려움에서 벗어나기 위해서는 폭탄, 즉 원자폭탄과 수소폭탄을 사랑하고 비축하지

 영화 〈닥터 스트레인지러브〉의 유명한 한 장면. 자동투하장치가 고장 나자 소령이 말을 타듯 핵폭탄에 올라앉아 직접 투하하는 모습으로 냉전시대에 팽배했던 광기의 극치를 보여준다.

않을 수 없는 모순적인 상황이었다. 매 단계 합리적인 절차와 결정을 따른 결과가 일단 핵전쟁이 시작되면 누구도 살아남을 수 없는 지극히 비합리적인 상황을 낳은 아이러니한 현실을 잘 보여준다.

군산복합체, 군대와 산업이 결탁하다 

맨해튼프로젝트 이외에도 제2차 세계대전 과정에서 대포의 탄도표를 계산하기 위해 미국에서 시작한 전자식 컴퓨터 계획, 에니악 ENIAC 프로젝트, 그리고 독일의 암호체계를 해독하기 위해 영국에서 개발한 콜로서스 Colossus 가 있다. ENIAC은 'Electronic Numerical Integrator And Computer 전자식 수치적분 및 계산기의 약자로, 미국의 존 모클리 John W. Mauchly 와 J. 프레스퍼 에커트 J. Presper Eckert 가 개발했으며, 콜로서스는 전화 엔지니어인 토미 플리워스 Tommy Flowers 가 설계했다. 이 컴퓨터들은 모두 당시 막 등장한 진공관을 소자로 이용했기에 과거의 기계식 컴퓨터와는 비교할 수 없이 빠르게 계산할 수 있었다. 오늘날 없어서는 안 될 컴퓨터가 처음 등장한 것도 이처럼 전쟁을 거쳐 등장했다.

거대과학의 양상은 전쟁 이후 냉전시대에도 계속 이어졌다. 특히 1957년 소련이 최초의 인공위성인 스푸트니크 Спутник/Sputnik, 동반

ENIAC
THE WORLD'S FIRST ELECTRONIC, LARGE SCALE, GENERAL-PURPOSE DIGITAL COMPUTER
Penn Engineering
2005/12/13 12:45 pm

그림11 펜실베이니아대학교 무어 스쿨에는 ENIAC 2대가 전시되어 있다.

자라는 뜻를 발사하면서 미국과 소련은 우주개발을 둘러싸고 치열한 경쟁을 벌이게 되었다. 특히 냉전이 격화되던 시기에 미국 사람들은 소련에게 우주개발에서 밀렸다는 사실에 큰 충격을 받아 '스푸트니크 충격 Sputnik shock'이라는 새로운 용어가 등장하기도 했다. 미국 대통령 린든 존슨 Lyndon Johnson 은 "우주에서의 일등이 곧 일등이다. 우주에서의 이등은 모든 것에서의 이등이다"라고 말하기도 했다. 데이비드 호프먼 David Hoffman 의 다큐멘터리 〈스푸트니크 매니아 Sputnik Mania 〉(2007)는 당시 미국 사회에서 벌어진 일종의 냉전 공포와 신경증을 잘 묘사하고 있다.

인터넷의 선조에 해당하는 아르파넷 ARPAnet 도 전쟁 과정에서 개발되었다. 아르파넷은 미 국방부의 싱크탱크에 해당하는 고등연구계획국, 아르파 Advanced Research Project Agency, ARPA 가 만든 일종의 네트워크다. 최고사령부가 적의 공격으로 파괴되어도 다른 부서들이 그 역할을 대신할 수 있도록 만든 연결망이 그 시초였다. 네트워크로 모든 체계를 연결하면 그중 어느 한 부분이 무너져도 다른 부분에 의해 재건될 수 있다는 발상이었다. 이 개념이 월드와이드웹 WWW 이 탄생하는 기반이 되었다.

이처럼 전쟁을 통해 오늘날 우리에게 없어서는 안 될 중요한 과학과 그 산물인 인공물이 많이 등장했다. 그러나 이런 기술은 일차적으로 군사적 목적을 위해 개발되었다는 점에서 이후 과학과 군사의 관계에 큰 영향을 끼쳤다. 이것은 단지 컴퓨터가 유도탄과 같은 무기에 활용되는 식의 문제를 비롯해 이른바 군산복합체와 같은 군대와 산업의 강고한 동맹이라는 구조적 문제도 불거지게 한다.

군산복합체 軍産複合體, military-industrial complex 라는 개념을 처음 제기한 사람은 제2차 세계대전의 영웅이자 미국 대통령을 역임한 드와이트 D. 아이젠하워 Dwight David Eisenhower 였다. 그는 1961년 대통령직을 사임하는 퇴임식 자리에서 이 말을 사용했는데, 향후 군대와 산업을 결부해 불필요하게 군사 무기를 개발하면서 국방비 지출이 기하급수적으로 늘어나게 된다고 경고했다. 이는 결국 기득권을 가진 방위산업과 정부 부처의 배를 불리고 가난하고 경제적으로 어려운 사람들에게 돌아갈 돈은 줄어들 것이라 지적했다.

그는 이렇게 말했다.

모든 총과 군함과 로켓은 결국 배고프고 춥고 헐벗은 사람들로부터 훔친 것이다. 무기를 사기 위해 자원을 쏟아붓는 나라는 그냥 돈을 쓰고 있는 게 아니다. 노동자들의 땀과 과학자들의 재능, 아이들의 희망을 소비하는 것이다. 장거리 전략 폭격기 하나를 사는 돈으로 30개 이상 도시에 학교를 하나씩 지을 수 있고, 전투기 한 대로는 50만 부셸 bushel, 1360만 kg 의 밀을 살 수 있고, 구축함 1대로는 8000명 이상이 살 수 있는 새 집을 지을 수 있다.

제2차 세계대전 당시 연합군 총사령관으로 전쟁을 승리로 이끈 주역이었고, 이후 미국인 사이에서 아이크라는 별명으로 불리며 큰 사랑을 받았던 아이젠하워는 누구보다 군대를 잘 알았다. 그래서 당시 냉전이 날로 격화되는 상황에서 비대해지는 방산업체와 전쟁을 담보로 돈과 권력을 거머쥐려는 군부의 동맹이 불러올 문제를 예측하고 분명하게 경고할 수 있었다. 그렇지만 아이젠하워의 경고는 결국 받아들여지지 않았고 오히려 오늘날 대학을 비롯한 학계까지 포괄하는 군산학 軍産學, military-industrial-academy 복합체로 더욱 강고해지고 있다.

군산복합체의 문제는 반드시 국방 분야에만 국한되지 않았다. 예를 들어 살충제로 잘 알려진 DDT는 디클로로디페닐트리클로로에탄 dichlorodiphenyltrichloroethane 의 약자인데, 이것은 합성 화합물로 이루어진 살충제로 값이 싸고 성능이 뛰어나면서도 인체에 해롭지 않다고 알려져 제2차 세계대전 당시 기적의 살충제라 불렸다. DDT를 개발한 스위스 화학자 파울 헤르만 뮐러 Paul Hermann Müller 는 이 공적을 인정받아 노벨상을 받기도 했다. 일본의 진주만 공격으로 미국이 참전하면서 전쟁이 태평양전으로 확산된 이후 미군 병사가 일본군의 공격보다 말라리아에 걸려 입는 피해가 더 컸는데, DDT

그림12 1955년 나방을 방제하기 위해 오리건주 베이커 카운티 상공에서 비행기로 DDT를 살포하는 장면. 당시에는 DDT의 위험성을 눈치채지 못했다.

덕분에 많은 병사가 말라리아를 피할 수 있었다.

이처럼 DDT는 전쟁 당시 인명을 구하는 데 크게 기여했지만, 문제는 전쟁이 끝난 후에 찾아왔다. DDT는 전시에 긴급하게 사용했기에, 어떻게 곤충을 죽이고 인체에는 피해를 입히지 않는지 그 생물학적 메커니즘에 대한 과학적 연구가 제대로 이루어지지 않았고, 생물이나 생태계에 미치는 안전성 검사도 충분히 거치지 않았다. 이 상황에서 전쟁이 끝나자마자 민간 화학업자들은 민간에 DDT를 시판할 수 있도록 해달라고 미국 정부에 로비를 벌였고, 결국 전쟁 직후에 대량생산에 들어갔다. 더구나 군부와 화학업체들은 전쟁이 끝나고 남아도는 항공기를 이용해서 공중에서 DDT를 살포하는 항공방제를 시작했다. 이 과정에서 국유지와 사유지, 삼림과 시가지를 가리지 않고 대량으로 살포했고, 이후 곳곳에서 부작용과 피해가 잇달아 발생했다. 처음에는 DDT로 죽은 곤충을 먹은 새들의 체내에 DDT가 축적되어 치명적인 독소로 작용한다는 사실이 밝혀졌다. 이후 야생동물은 물론 인간에까지 피해가 눈덩이처럼 불어났다. 군부와 화학 기업의 이해관계가 맞물리면서 DDT를 비롯한 화학 합성 살충제의 위험성을 눈감아버린 것이다. 레이철 카슨 Rachel Carson의 유명한 저서 《침묵의 봄 Silent Spring》(1962)이 나오게 된 것도 이런 맥락에서였다. 카슨은 1950년대와 1960년대 미국에서 벌어진 맹독성 화학 살충제의 대량 살포가 정작 해충을 없애

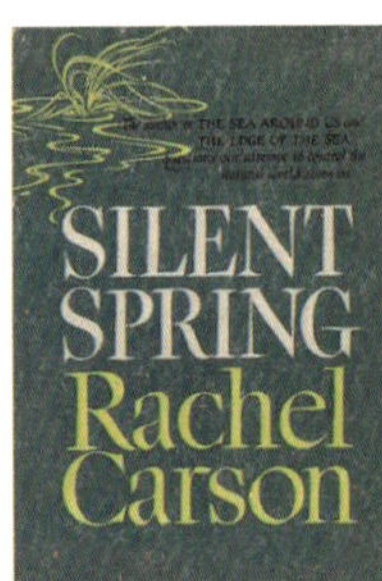

그림13 정부와 화학업체의 결탁으로 이루어진 무분별한 DDT 살포를 비판한 레이철 카슨과 그녀의 책 《침묵의 봄》.

는 데에는 별다른 효과가 없었고 미국 정부와 화학 기업들의 배를 불려줄 뿐이었다고 비판했다.

"미국 농무부가 실시하는 광범위한 해충 구제 계획이 늘어남에 따라 미국의 살충제 제조업체들은 노다지를 캔 것처럼 보였다."

전쟁은 과학기술이 비약적으로 발전하게 하고 전쟁 무기 이외에도 사회를 이롭게 하는 많은 인공물을 탄생시켰다. 하지만 거대과학은 지금까지의 과학 연구와는 비교할 수 없는 과학의 정치화와 관료화, 그리고 상업화라는 부작용을 낳았다. 다음 장에서는 과학의 상업화에 대해서 살펴보기로 하자.

원자폭탄과 아인슈타인

알베르트 아인슈타인은 상대성이론으로 워낙 유명한 과학자이지만, 원자폭탄과도 떼려야 뗄 수 없을 만큼 깊은 관계에 있다. 1933년에 독일이 나치의 수중에 들어가자 아인슈타인은 미국으로 망명해 프린스턴대학교 고등연구소에 자리를 잡았다. 당시 연구 환경이 좋았던 미국에는 아인슈타인 이외에도 수많은 망명 과학자가 있었고, 아인슈타인의 오랜 친구였던 헝가리 출신 물리학자 레오 실라르드도 그중 한 명이었다.

부다페스트에서 태어났지만 일찍부터 베를린에서 물리학을 연구했던 실라르드는 연쇄 핵분열을 이용한 폭탄의 가능성을 처음 깨달았던 핵과학자였다. 물론 그 외에도 프리츠 슈트라스만 Fritz Strassmann, 리제 마이트너 Lise Meitner, 오토 프리슈 Otto Frisch 등이 1938년에 우라늄과 같은 무거운 원자가 대체로 비슷한 중량을 가진 두 부분으로 쪼개지고, 이 과정에서 방출된 중성자들이 다시 분열을 일으키는 연쇄반응을 일으킬 수 있다는 사실을 알아내 독일의 학술지에 논문으로 발표했다. 원자폭탄이 이론적으로 가능하다는 사실이 공개되기 시작한 것이다.

나치에 대한 적개심이 무척 강했던 실라르드는 독일이 먼저 원자폭탄을 개발할 수 있다고 우려했고, 그렇게 될 경우 벌어질, 몸서리쳐지는 가능성에 몹시 조바심을 냈다. 당시 원자 과학을 비롯한 독일의 물리학은 세계 최고 수준이었고, 양자역학의 선구적 이론가인 베르너 하이젠베르크 Werner Heisenberg를 비롯해서 뛰어난 물리학자들이 독일을 떠나지 않고 여전히 나치 치하에서 연구를 계속하고 있었다. 따라서 실라르드는 히틀러가 물리학자들을 동원해서 원자폭탄을 개발하는 것은 시간문제라고 여겼다. 결국 그는 1939년 8월 루스벨트 대통령에게 편지를 보내 이러한 위험을 알리고 미국이 먼저 원자폭탄을 개발할 것을 요구하기로 결심했다. 실라르드는 당시 이미 세계에서 가장 명성이 높은 과학자였던 아인슈타인을 찾아가 자신이 초안을 작성한 서한에 서명을 하도록 설득했다. 편지에서 실라르드와 아인슈타인은 우라늄 원소가 가까운 미래에 새롭고 중요한 에너지원이 될 수 있다고 말한 후, 다음과 같이 경계심을 갖도록 했다.

"이 새로운 현상은, 아직 확실치 않지만, 새로운 유형의 극히 강력한 폭탄의 제조로 이어질 수 있습니다. 이런 유형의 폭탄 하나를 선박에 실어서 항구에서 폭발시킨다면, 항구 전체는 물론 주변 지역 일부까지 파괴할 수 있을 정도입니다. 그러나 이런 폭탄은 항공기로 나르기에는 너무 무거울 수 있습니다."

아인슈타인은 핵분열이 가공할 폭탄 제조로 이어질 수 있다는 점뿐 아니라 그 원료인 우라늄이 미국에는 아주 적게 매장되어 있는 데 비해, 곧 독일이 지배할 것으로 예상되는 체코슬로바키아의 보헤미아 지역과 벨기에령 콩고에서 대부분 채굴하고 있다는 점도 지적했다. 이들의 편지는 즉각 효과를 발휘했고, 루스벨트 대통령은 아인슈타인에게 감사편지를 보냈다.

"우라늄 원소와 관련해서 당신이 제안한 가능성을 완벽하게 조사하기 위한 위원회를 출범시켰습니다."

하지만 진행 과정은 무척 더뎠고, 초기에 배정된 연구비도 적었다. 그러나 어쨌든 두 사람의 편지는 맨해튼프로젝트를 낳았고, 결국 원자폭탄을 제조해 히로시마와 나가사키에 투하된다.

정작 원자폭탄이 현실로 다가온 1944년 말부터 아인슈타인은 핵폭탄이 전쟁의 양상을 바꿀 것이고, 강대국들이 저마다 핵무기를 개발하는 핵군비 경쟁이 심각해질 것을 우려했다. 그는 이러한 사태를 막고 통제하기 위한 세계정부를 수립해야 한다고 주장했고, 과학자들이 나서서 각국의 정치 지도자들을 설득할 것을 요구했다. 실라르드도 독일이 원자폭탄을 만들지 않고 있다는 사실을 알게 되면서 굳이 서둘러 원자폭탄을 만들 필요가 없다고 생각을 바꾼다. 나중에 알려진 사실이지만 히틀러는 당시 V2 로켓이 전쟁의

Albert Einstein
Old Grove Rd.
Nassau Point
Peconic, Long Island

August 2nd, 1939

F.D. Roosevelt,
President of the United States,
White House
Washington, D.C.

Sir:

Some recent work by E.Fermi and L. Szilard, which has been communicated to me in manuscript, leads me to expect that the element uranium may be turned into a new and important source of energy in the immediate future. Certain aspects of the situation which has arisen seem to call for watchfulness and, if necessary, quick action on the part of the Administration. I believe therefore that it is my duty to bring to your attention the following facts and recommendations:

In the course of the last four months it has been made probable - through the work of Joliot in France as well as Fermi and Szilard in America - that it may become possible to set up a nuclear chain reaction in a large mass of uranium,by which vast amounts of power and large quantities of new radium-like elements would be generated. Now it appears almost certain that this could be achieved in the immediate future.

This new phenomenon would also lead to the construction of bombs, and it is conceivable - though much less certain - that extremely powerful bombs of a new type may thus be constructed. A single bomb of this type, carried by boat and exploded in a port, might very well destroy the whole port together with some of the surrounding territory. However, such bombs might very well prove to be too heavy for transportation by air.

판도를 바꿀 신무기라고 생각했고, 원자폭탄에는 별 관심이 없었다. 이러한 순진한 생각과는 달리 원자폭탄은 이미 독일의 패망과 무관하게 박차를 가하고 있었다. 당시에는 연합국의 일원이었지만 앞으로 새로운 적이 될 공산주의 소련을 견제하는 것으로 그 목적이 바뀌고 있었기 때문이다.

차를 마시고 있던 순간 원자폭탄이 히로시마에 투하되었다는 소식을 들은 아인슈타인은 "오, 맙소사"라는 한마디를 뱉었고, 큰 충격을 받았다고 한다. 훗날 그는 "만약 내가

-2-

The United States has only very poor ores of uranium in moderate quantities. There is some good ore in Canada and the former Czechoslovakia, while the most important source of uranium is Belgian Congo.

In view of this situation you may think it desirable to have some permanent contact maintained between the Administration and the group of physicists working on chain reactions in America. One possible way of achieving this might be for you to entrust with this task a person who has your confidence and who could perhaps serve in an inofficial capacity. His task might comprise the following:

a) to approach Government Departments, keep them informed of the further development, and put forward recommendations for Government action, giving particular attention to the problem of securing a supply of uranium ore for the United States;

b) to speed up the experimental work,which is at present being carried on within the limits of the budgets of University laboratories, by providing funds, if such funds be required, through his contacts with private persons who are willing to make contributions for this cause, and perhaps also by obtaining the co-operation of industrial laboratories which have the necessary equipment.

I understand that Germany has actually stopped the sale of uranium from the Czechoslovakian mines which she has taken over. That she should have taken such early action might perhaps be understood on the ground that the son of the German Under-Secretary of State, von Weizsäcker, is attached to the Kaiser-Wilhelm-Institut in Berlin where some of the American work on uranium is now being repeated.

Yours very truly,

(Albert Einstein)

그림14 1939년 8월 2일 프랭클린 D. 루스벨트 미국 대통령에게 보낸 편지. 헝가리 물리학자 레오 실라르드가 썼고 알베르트 아인슈타인이 서명했다.

독일이 원자폭탄을 만들지 못할 것을 알았다면, 나는 손가락 하나 까딱하지 않았을 것이다"라고 한탄했다. 그후 아인슈타인은 세상을 떠날 때까지 평화 운동에 나섰고, 죽기 얼마 전인 1954년에 철학자이자 물리학자였던 버트런드 러셀 Bertrand Russell 이 주도한 청원 운동에 다른 과학자들과 함께 서명했다. 그 청원서는 미래에 세계대전이 벌어지면 핵무기를 사용할 것이 확실하기 때문에 각국 정부가 세계대전으로 자신들의 목적을 달성하기 어렵다는 사실을 깨닫고 모든 국가간 갈등을 평화적으로 해결할 것을 촉구하는 내용이었다.

과학의 상업화

냉전 시기까지 과학의 문제는 주로 과학의 군사화, 그리고 군부나 기업과 결합해 신무기를 개발하는 쪽으로 치우쳤다. 하지만 냉전이 종식되면서 과학 연구는 이제 주로 돈이 되는 쪽으로 몰리는 경향이 나타났다. 이것을 과학의 상업화라고 한다. 말 그대로 돈이 되는 분야에만 집중적으로 연구비가 투자되고, 많은 사람에게 도움이 될 수 있지만 큰 이익은 나지 않는 공익소益 분야에는 연구비가 부족하거나 아예 배정되지 않는다.

과학의 상업화 경향은 대략 1980년대 이후 과거와는 비교할 수 없는 규모로 커졌다. 상업화가 가장 두드러진 분야는 생물학과 의학이었고, 여기에는 1980년대 말부터 미국을 중심으로 한 또 하나의 거대과학인 인간유전체계획HGP이 큰 영향을 끼쳤다. 흔히 인간게놈프로젝트라 불리는 인간유전체계획은 오늘날의 생명공학 시대를 열었다고 할 수 있어, 냉전 이후의 맨해튼프로젝트라고도 불린다.

냉전시대에 거대과학을 작동한 동기는 주로 정치적인 목적이었는 데 비해, 냉전 이후의 상황에서 잉태된 이 계획은 주로 경제적인 동기에서 시작되었다. 다시 말해 이전에는 체제 경쟁에서의 승리, 즉 사회주의 소련을 누르고 자본주의 미국이 승리하고 세계의 주도권을 잡는 것이 주요 목적이었지만, 1990년대 이후에는 경제력이 국가의 안보를 좌우하게 되고 이른바 국가 경쟁력을 높이기 위해 무한 경쟁하면서 새로운 프로젝트가 등장한 것이다. 하지만 권력의 추가 정치나 군사력에서 경제력으로 옮겨가면서 전시동원체제가 아닌 막대한 연구비 집중과 경제적인 동기가 과학자들을 모으는 동기가 되었다는 점에서 차이가 있을 뿐, 앞에서 설명한 거대과학의 기본적인 특성은 바뀌지 않았다.

과도한 상업화는 특허 등을 활용해 지나치게 연구 정보를 독점하게 해서, 과거에는 모든 사람이 공유하고 인류를 위해 누구나 사용할 수 있었던 공공재로서의 과학 지식의 성격을 바꿔놓았다. 또 공적 영역에 속하는 국가가 경제적 목적을 과도하게 추구하면서 사적인 기업과의 경계가 모호해졌고, 이는 공익을 수호하는 주체가 사라지고 사회적 약자를 보호할 수 있는 기반이 약화되는 문제까지 낳았다.

빗장 풀린 생명 특허 

1980년대 이후에는 특히 생명공학 분야에서 상업화가 중요한 쟁점으로 떠올랐다. 상업화가 확산할 수 있는 제도적 기반이 마련된 사건이 1980년에 일어났기 때문이다. 바로 생물특허의 길을 열어준 역사적 사건으로 꼽히는 다이아몬드 차크라바티 사건 Diamond v.

Chakrabarty 이다.

다이아몬드 차크라바티 판결은 유전자를 상품화할 수 있는 중요한 법적 토대를 제공했다. 그 출발은 미국의 기업 제너럴 일렉트릭사에 다니는 인도 출신의 미생물학자 아난다 차크라바티 Ananda Chakrabarty 가 1971년에 해양 유출 기름을 제거할 수 있도록 유전자를 조작한 미생물의 특허를 특허청에 출원하면서 시작되었다. 바다에 원유가 유출되면 해안이 오염될 뿐만 아니라 바닷새와 갯벌에 사는 동물 등 해안 생태계에 큰 피해를 입힌다. 따라서 유전자를 조작해 원유를 분해할 수 있는 미생물을 이용한다는 생각은 매력적으로 들렸다. 그러나 미생물이 특허의 대상이 될 수 있는지 여부가 문제였다.

당시 특허청은 미국 특허법상 생물은 특허의 대상이 되지 않는다는 이유로 기각했다. 이후 항고를 거치면서 오랜 논란을 벌이다가 1980년 연방 대법원에서 5:4의 근소한 차이로 특히가 인정되었다. 당시 재판장 워런 버거 Warren Burger 는 "문제는 생물이냐 무생물이냐가 아니라 인간의 발명이냐 아니냐이다"라고 말해, 이후 동식물에 대한 특허의 길을 열어주었다. 대법원의 판결이 있고 7년 뒤인 1997년에 특허청은 동물을 포함한 모든 다세포 유기체에 특허를 부여할 수 있다는 결정을 알렸다. 특허청장 도널드 퀵 Donald J. Quigg 은 인간 전체는 특허의 대상이 아니지만 모든 분리된 부분에 대해서는

그림15 미생물학자 아난다 차크라바티는 원유를 분해하는 유전자 조작 미생물을 만들어 특허를 받았다. 인간이 조작해 만든 생명을 대상으로 한 최초의 특허였다.

특허를 받을 수 있는 가능성을 열어놓음으로써 인간 유전자, 세포주, 조직, 기관을 비롯해서 배아와 태아도 특허 대상의 범주에 속하게 되었다. 이제 생물특허의 시대가 열린 것이다.

여담이지만 이렇게 특허를 얻은 미생물은 실제로는 별반 활용되지 못했다. 실험실에서는 다른 먹이 없이 기름만 주었기 때문에 힘들여 기름을 분해해 에너지를 얻었지만, 일단 바닷물에 풀어놓자 그 밖의 손쉬운 먹이가 많았기 때문에 굳이 원유를 분해하려 하지 않았기 때문이다.

대법원은 그럼에도 유전자 조작 박테리아가 그것이 사용된 과정과 별도로 '그 자체로' 특허의 대상이 될 수 있다고 판결했다. 이 판결 이후 세포주, DNA, 유전자, 동물, 그리고 인간에 의해 조작되어 '제조된 상품'으로 분류되기에 적합한 모든 생물에 대한 특허 신청이 봇물처럼 쏟아졌다. 연방 대법원의 판결에 힙입어 미국 특허청은 지적재산권의 범위를 아직까지 생물체 내에서 수행하는 역힐이 밝혀지지 않은 DNA 조각에 이르기까지 확장했다. 이 결정으로 유전자의 염기서열을 해석한 대학의 연구자들이 기업에 사용권을 주거나 스스로 자신의 회사를 설립해 활용할 수 있는 지적재산권을 갖게 되었다.

인간유전자정보를 팝니다

사람의 전체 유전자, 즉 인간 게놈을 해석하는 인간유전체계획을 시작할 때 "인간이라는 책을 읽는 대장정", "생물학의 성배聖杯" 등 화려한 수사가 따랐다. 인간유전체계획은 약 10만 개에 달하는 인간 유전자의 정확한 지도를 작성해서, 어느 유전자가 어떤 특성에 관여하는지를 밝혀낸다는 야심찬 프로젝트였기 때문이다. 1953년 왓슨과 크릭이 DNA의 이중나선 구조를 밝힌 지 불과 30여 년 후에, 1985년 미국의 캘리포니아대학교 샌타크루즈캠퍼스에서 최초로 인간 게놈을 해석하는 계획에 대한 논의가 시작되었다. 이후 논의가 구체화되고 미국 국립보건연구소NIH와 에너지성이 상호협조 각서에 서명하면서 유럽과 일본 등 여러 국가를 포괄하는 국제 컨소시엄 형태로 1989년부터 본격적으로 출발했다.

인간유전체계획은 공식적으로만 30억 달러가 들어가 단일 프로젝트로는 가장 큰 규모였을 뿐 아니라 그 밖의 여러 특성 때문에 이후 과학에 새로운 모델을 제시했다. 거대과학의 전형이었던 이 계획은 미리 설정한 기한 내에 명확하게 주어진 목표를 달성한다는 새로운 연구양식research style을 선보였다. 여기에 사기업인 셀레라 지노믹스사Celera Genomics가 등장하면서 과학의 상업화에 불을 지폈다. 프로젝트 완성 단계에서는 미국을 중심으로 한 국제 협력체인 게놈 컨소시엄과 셀레라 지노믹스사 사이에서 누가 먼저 목표를 달성하는지를 둘러싸고 치열한 경쟁이 벌어졌다. 기업 간에서뿐 아니라 연구자 사이에서도 누가 먼저 개발하느냐를 둘러싸고 경쟁했는데, 이는 전례를 찾아보기 어려운 일이었다.

1998년 NIH 연구원인 크레이그 벤터 Craig Venter 는 자신과 실험 기기 제작업체인 퍼킨-엘머사 Perkin-Elmer Corporation 와 합동으로 사적 벤처를 만들었는데 여기가 셀레라 지노믹스사다. 벤터는 인간 유전체의 염기해석을 완성하겠다고 발표하면서 HGP보다 10분의 1의 비용으로 훨씬 더 빨리 해석을 끝내겠다고 공언했다. 따라서 공적 컨소시엄과 사기업인 셀레라 지노믹스사 간의 경쟁이 치열하게 벌어졌고, 그 결과 목표 연도를 앞당긴 2003년에 염기서열의 분석이 끝났다.

이들의 경쟁 때문에 인간유전체계획의 결과 발표도 국제 컨소시엄과 셀레라 지노믹스사가 〈사이언스〉와 〈네이처〉에 각기 따로 발표하는 낯선 풍경이 연출되었다. 그리고 2003년 염기배열 해석이 끝난 후에 셀레라 지노믹스사는 실제로 자신들이 해석한 염기 정보를 인터넷을 통해서 판매하겠다는 계획을 발표하는 바람에 많은 논란을 불러일으켰다. 이 회사는 연구 목적을 위한 경우 무상으로 제공할 수 있다고 했지만, 실제로는 엄청난 제약이 뒤따라 현실적으로는 유상으로만 정보를 얻을 수 있게 한 셈이다. 이것은 국제 컨소

 인간유전체계획의 로고. 인간 DNA의 모든 염기서열을 식별하는 것을 목표로 진행되었으며 1990년에 시작해 2003년에 성공적으로 마쳤다.

시엄으로 진행된 연구 결과가 무상으로 공개되는 것과 대비되는 사례였다.

당시의 대중은 이러한 노골적인 상업화를 비판하면서 "멘델레예프의 주기율표나 아인슈타인의 E =mc²과 같은 방정식을 사용할 때마다 그 후손들에게 이용료를 내야 하느냐"라는 물음을 제기했다. 이후 유네스코의 인간게놈 선언에서도 잘 나타났지만 인간의 게놈을 비롯한 생물의 유전자는 지구상에서 생명이 진화한 이래 수십억 년을 거쳐 형성된 것이고, 인류의 유전자가 생물권 전체의 것이지 단지 그것을 해석했다는 이유로 유전정보가 특정 기업의 전유물이 될 수는 없다는 것이 비판의 근거였다.

셀레라 지노믹스사가 게놈해석 정보를 판매하겠다고 나선 것은 상업화의 한 측면에 불과했다. 상업화로 인한 또다른 부작용은 생물특허에서 나타났다. 앞서 소개한 차크라바티의 생물특허 사건처럼 그후 생명공학 분야의 특허로 많은 돈을 벌려는 사람들의 이른바 '특허 러시'가 이루어졌다. 특허는 과학 연구를 발전시키고 연구자의 권리를 보호해주는 긍정적인 측면이 있지만, 이때부터 생명공학 연구가 지나치게 상업화되면서 연구 자체를 저해하기 시작했다.

이후 새로운 발명뿐 아니라 그 발명의 토대가 되는 기법이나 방법, 개념까지 특허를 신청하는 새로운 경향도 생겨났다. 과학자 필립 레더 Philip Leder 가 만든 유전자 조작 쥐가 대표적인 사례다. 하버드대학교의 레더 연구진은 암 연구를 위해 유방암에 특히 잘 걸리는 쥐를 만들었는데 온코 마우스onco mouse, 즉 종양 생쥐다. 대학 측은 이 생쥐를 비롯해 암을 유발하기 쉬운 모든 형질변환 생쥐에 특허를 신청했다. 이른바 포괄적인 특허로 탄생한 온코 마우스는 '하버드 생쥐'라 불리게 되었다. 이 특허는 암 연구 발전을 저해하는 장애물이 되었는데, 다른 학자들이 연구를 하려면 허락을 받거나 사용료를 내야 했기 때문이다. 암 연구를 위해 사람의 암 유전자를 가지고 태어난 쥐는 기업화된 과학의 전형으로 이 쥐의 상표권은 하버드대학교, 사용권은 듀폰DuPont이 나눠 갖고 있다.

생명공학의 상업화

이처럼 상업화가 심각해지면서 과학은 사회에 부정적인 영향을 끼치게 된다. 첫 번째 사례는 과학자들의 연구가 기업의 이익을 위하면서 일반인이 피해를 입는 경우다. 이것을 이해상충conflict of interest이라고 하는데, 특히 요즘처럼 과거 어느 때보다도 많은 과학자가 기업의 지원 아래 연구를 하는 상황에서 문제는 점점 커지고 있다. 몇 가지 유형으로 나누어 문제를 살펴보자.

첫째, 과학자가 직접 기업을 설립할 때 문제가 생긴다. 특히 생명공학 분야에서 1980년 이후 과학과 기업은 10년 전에는 상상도 할 수 없던 관계를 맺었다. 예를 살펴보자. 한 종의 유전자를 다른 종의 유전자와 결합하는 기술을 재조합 DNA recombinant DNA 기술이라고 한다. 오늘날 우리 먹거리에서 빼놓을 수 없는 유전자 변형식품, 즉 GMO는 바로 이 기술을 이용해서 개발한 것이다. 이 기술을 처음 실현한 사람 중 한 명인 미국의 허버트 보이어 Herbert Boyer 는 실험에 성공하고 3년 후인 1976년, 최초의 생명공학 회사인 제넨텍사 Genentech 를 설립했다. 곧이어 1980년 노벨 화학상을 받은 하버드대학교의 월터 길버트 Walter Gilbert 도 미국과 유럽의 과학자들과 바이오젠사 Biogen 를 설립하면서 미생물을 유전자 조작해서 당뇨병 치료에 필수적인 인슐린을 생산하는 치열한 경쟁에 뛰어들었다. 프랜시스 크릭 Francis Crick 과 함께 DNA 이중나선 구조를 처음 발견했고 인간유전체계획을 이끌었던 제임스 왓슨 James Watson 은 월터 길버트가 연구를 성공한 곳이 하버드대학교였디는 점을 지적하며 물음을 제기했다. "교수가 자신의 대학 시설을 이용해 실행한 연구를 토대로 개인의 부를 축적하도록 허용해야 하는가? 막대한 돈이 오가면서 안전성이라는 문제가 제기되지 않겠는가?"

지금은 이제 이러한 질문이 무색할 만큼 상황이 바뀌었다. 학문에 몰두한 과학자가 기업체를 세우고 특허를 받는 것이 더는 문제가 되지 않으며, 오히려 대학의 연구는 '활용되지 못한 자원 underutilized resource'으로 여기면서 교수가 단순한 연구자나 교수자教授者가 아니라 교수-기업가professor-entrepreneur가 될 것을 권장하고 있는 상황이다.

둘째, 과학자가 연구비 지원을 받은 기업의 제품 심사를 담당할 때 문제가 발생한다. 최근 기업이 대학에 자금을 기하급수적으로 투입하면서 빚어지는 이해충돌 유형으로, 구체적으로는 과학자가 자신을 지원하는 기업의 상품을 임상시험하고 신약승인검사에 참여하는 상황이다. 오늘날에는 연구가 날로 전문화하면서 대학 연구자들이 문제의 기업체로부터 자금을 지원받고 있는지 여부조차 잘 드러나지 않기 때문에 실제로는 이런 경우가 더 자주 일어나는 것으로 알려져 있다.

미국의 웨스 레들레 소아 백신Wyeth Lederle Vaccines and Pediatrics은 식품의약국FDA에서 처음으로 승인받은 로타바이러스 백신이다. FDA는 신약 평가에서 가장 엄격한 기관으로 알려져 있는데, 이 백신을 만든 회사는 1987년에 '로타쉴드Rotashield'라는 이름으로 '임상시험계획'을 신청했고, 1998년 8월에 승인을 받아냈다. 그런데 이 백신은 승인을 받은 지 고작 1년 만에 시장에서 모두 회수되었다. 이 백신을 맞은 어린이들 사이에서 중증 장폐색腸閉塞 증상이 100차례가 넘게 나타났기 때문이었다. 문제가 불거진 이후, 미국 정부개혁하원위원회가 이 백신 승인 과정의 배후 정황을 조사했다.

그 결과 FDA와 질병통제센터 Centers for Disease Control 의 자문위원회가 해당 백신 제조업체와 연루된 인물들로 채워졌다는 사실이 밝혀졌다. 이해 갈등이 백신 프로그램을 개발하고 승인하는 과정에서 고질병처럼 빈발한다는 사실도 확인되었다.

과학사회학자 로버트 머튼 Robert Merton 은 과학자들이 과학 지식이라는 확증된 지식을 다룰 수 있는 것은 다른 집단과 달리 과학자들이 이해관계에 휘둘리지 않는 규범을 갖고 있기 때문이라고 말했다. 이것을 불편부당함 disinterestedness 규범이라고 한다. 비록 머튼의 주장은 1940년대의 상황을 토대로 한 것이었지만, 과학자들에게 이러한 규범이 작동하고 그래야 한다는 믿음은 과학자들뿐 아니라 사회 전체에서 오랫동안 이어졌다. 그러나 오늘날 이러한 믿음은 더 이상 통용되지 않는다. 비단 생의학 분야에만 국한되는 현상은 아니다. 학문적 연구자가 불편부당함이라는 규범을 버리고 자신이 지원을 받거나 주식을 가지고 있는 업체의 손을 들어주는 행위는 한편으로 공공 연구자의 진정성을 해칠 뿐 아니라, 많은 피해자가 발생할 수 있다는 점에서 공공의 안전성을 심각하게 위협한다. 또한 이러한 이해 갈등은 해당 기관에 대한 불신을 넘어 과학 자체의 신뢰를 무너뜨릴 수 있다. 겉으로 잘 드러나지 않지만 상업화가 수반하는 가장 심각한 문제점은 공익성을 담보해야 하는 정부의 과학정책과 대학의 연구가 상업화되면서 과학을 향한 대중의 신뢰가

훼손되는 것이다.

셋째, 과학 정보가 자유롭게 교환할 수 없는 문제가 생겨난다. 과학의 상업화가 불러오는 심각한 문제로 과학 정보의 독점과 자유로운 접근의 제약, 그리고 이해관계에 따라 일부 정보를 고의적으로 은폐하는 문제다. 이외에도 과학의 상업화는 과학자들 사이에서 오랫동안 통용되던 덕목인 공유주의 communalism 대신 비밀주의를 강화하는 결과를 낳고 있다.

영국왕립학회 Royal Society 는 과학기술과 관련한 사회적으로 중요한 문제들을 미리 연구해서 일련의 권고를 내리는 방식으로 사회적 공론화를 주도하는 오랜 전통을 지니고 있다. 영국왕립학회는 지난 2003년 보고서 〈오픈 사이언스 유지하기 Keeping Science Open: the Effects of Intellectual Property Policy on the Conduct of Science 〉를 채택했는데, 이 보고서는 과학의 상업화 때문에 지적재산권 intellectual property rights, IPRs 을 지나치게 보호하면서 생겨나는 부작용을 경고했다. 특허와 지적재산권은 창조적인 연구와 그에 대한 투자를 보호해 혁신을 자극할 수 있지만, 한편으로 그 결과가 독점된다는 사실은 사적 이윤과 공공선 사이에 긴장을 불러올 수 있고, 사상과 정보의 자유로운 교환을 저해할 수 있다고도 주장했다. 또한 특허와 지적재산권이 강화되면서 그것을 목적으로 하는 연구는 장기적인 연구보다는 단기적인 연구에 치중할 수 있는 위험이 있다고 경고했다. 특허와 저작권으로 과학지식이라는 공공재 common goods 를 누 군가가 독점하는 것은 사회의 이익을 위한 길이 아니며, 과학 연구 자체를 방해한다는 것이다.

넷째, 상업적 이익과 결부된 정보가 독점되고 은폐되어 대중이 과학을 통제할 수 있는 힘을 잃는 문제가 불거진다. 즉 지나친 상업 화는 과학의 건전한 발전을 위해 새로운 연구 결과를 대중과 투명 하게 주고받는 것을 저해할 수 있다. 상업적 이해관계 때문에 특정 연구 결과가 은폐될 경우 공익이 심각하게 망가지는 경우도 있다.

세계적인 다국적 제약회사인 노바티스사의 자회사, 노바티스농 업연구소 Novartis Agricultural Discovery Institute, NADI 와 캘리포니아대 학교 버클리캠퍼스의 루서 천연자원 칼리지 Rausser College of Natural Resources 는 1998년부터 5년에 걸쳐 2500만 달러의 협력관계를 맺 었다. 역사상 전례를 찾을 수 없는 이 포괄 협정에서 학과의 모든 교 수에게 서명할 기회가 주어졌다.

그렇다면 노바티스사는 2500만 달러를 대학에 투자한 대가로 무 엇을 얻었을까? 회사는 자신이 대학에 지원한 연구비의 대가로 회 사와 캘리포니아대학교 과학자들의 공동 프로젝트로부터 나온 모 든 발견에 대한 사용권을 우선 협상할 수 있는 권리를 얻었다. 결과 적으로 이 협정으로 대학의 연구자들이 노바티스사의 제품에 부정 적인 영향을 줄 수 있는 연구를 할 수 없는 꼴이 되었다. 협정은 서명에 참여한 학과의 모든 구성원에게 제약을 가했으며, 참여한 교수들은 노바티스사의 승인 없이는 자신들의 연구 결과를 마음대로 발표할 수도 없었다. 만약 이 협정을 어기게 되면 연구자들은 엄청난 액수의 소송을 당할 수 있기 때문이었다.

2000년 5월 캘리포니아 상원의원 톰 헤이든Tom Hayden의 주도로 버클리-노바티스 계약 건에 대한 청문회가 열렸다. 학장은 청문회에서 비밀 협정에 서명한 교수가 대중에 심각한 위험을 초래할 수 있는 데이터를 우연히 접하고 양심적으로 행위할 수 있겠는가 하는 질문을 받았다. 다시 말해서 대중의 안전을 위협할 수 있는 약품이 개발되었다고 해도 이 협정 때문에 위험을 알릴 수 없는 심각한 문제가 발생할 수 있다는 것이다.

대학의 연구자나 학과와 계약을 맺은 기업들이 사전 협의 없이 연구 결과를 발표하지 못하는 사례는 한두 건이 아니다. 그리고 그 상당수는 대중의 위험과 직결된다. 또한 상업적 이해관계 때문에 정보를 소통할 수 없는 상황은 과학자들이 과학에 갖는 통제력을 극도로 약화한다. 점차 이윤이 과학에 대한 통제력을 장악하고 연구 과학자들의 결정권이 크게 위축된다는 말이다.

연구 다양성이 파괴되다

상업화가 과학 연구에 미치는 여러 가지 영향 중에서 가장 근본적이고 그 결과가 오랜 기간에 걸쳐 지속되는 문제는 무엇일까? 바로 특정한 상업적 목적에 기여하는 주제로만 연구가 제한된다는 점이다. 과학과 사회의 관계를 다루는 유명한 저널 〈과학, 기술과 인간 가치 Science, Technology & Human Value〉는 과학의 불평등이라는 주제를 다룬 특집호에서 전 세계에서 이루어지는 연구개발R&D의 상당수가 초국적 기업을 비롯한 세계적인 기업에 의해 전 지구적 시장 수요를 만족시키는 데만 골몰하고 있다고 밝혔다. 그 수요는 고소득 소비자들의 수요이며, 실질적으로 오늘날 대부분의 연구 목적은 선진국의 대규모 시장 수요를 이끌어내는 것이다. 과학 연구가 이익이 높은 쪽으로 몰릴 수밖에 없고, 이로 인해 이윤이 높지는 않지만 많은 사람에게 꼭 필요한 연구는 사라지는 문제가 발생한다. 이렇게 되면 과학이 발달할수록 사회적 불평등이 줄어들기는커녕 오히려 심화되는 어처구니없는 상황이 나타날 수 있다.

상업화한 연구 주제의 영향은 크게 두 가지로 볼 수 있다. 하나는 전체 연구비의 상당 부분을 차지하는 초국적 기업이 지원하는 연구비가 상대적으로 높은 수익을 얻을 수 있는 연구로 몰리는 것이다. 이는 이미 시장이 형성되어 있고 고부가가치를 실현할 수 있는 상품을 개발하는 기술로 연구가 집중되면서 결과적으로 불평등을 확대 재생산할 수 있다. 이 주제는 다음 장에서 자세히 살펴볼 것이다. 다른 하나는 상업화 때문에 과학 연구가 특정한 주제와 방향으로 쏠리면서, 연구의 다양성을 파괴하고 있다. 이것은 냉전 종식 이후 전 세계가 경제력을 중심으로 하는 무한 경쟁 체제로 돌입하면서 과학 연구가 이를 위한 동력으로 동원되는 경향과 긴밀하게 닿아 있다.

상업화가 연구 주제를 특정한 방향으로 한정할 때 생겨나는 가장 치명적인 문제는 무엇보다 연구 다양성이 사라지는 것이다. 이를 비롯해 종 다양성, 생물 다양성, 그리고 유전자 다양성도 빠르게 자취를 감추고 있다. 최근 지구온난화 문제가 전 지구적 위기로 떠오르면서 온난화를 둘러싼 논쟁도 마치 널뛰기를 하듯 갖가지 주장이 난무하고 있다. 물론 논의가 진전되지 못하는 이유는 이 주제 자체가 워낙 기업, 국가, 집단의 이해관계가 첨예하게 걸린 사안이기 때문이기도 하지만, 한편으로는 이에 대한 연구와 조사가 충분하지 않기 때문이기도 하다.

요즈음 다양성에 대한 관심이 여러 분야에서 커지고 있다. 생물종의 다양성이나 유전자 다양성이 대표적이다. 예를 들어 우리가 주로 먹는 감자, 옥수수, 콩 등이 차츰 유전자 변형 작물로 대량으로 재배되면서 몇 가지 품종으로 국한되는 경향이 커지고 있다. 감자의 경우 전 세계적으로 고작 네 가지 품종밖에 재배하지 않는데, 이처럼 소수의 품종만을 재배하는 게 문제인 까닭은 특정 조건에 특화된 종이나 유전자가 갑작스러운 상황에 대처하지 못하거나 특정 질병에 의해 큰 피해를 입을 수 있기 때문이다. 최근 지구온난화나 기후 이변이 잦아지면서 환경이 급격하게 변화할 가능성도 날로 커지고 있다. 하지만 한 작물이 여러 품종으로 재배된다면 한 품종이 사라져도 작물 자체가 사라질 위험성을 크게 덜 수 있다.

이와 마찬가지로 불확실성이 커지는 지금 특정 분야나 주제로 국한한 연구는 과학의 대응력과 문제해결능력을 약화시킨다. 상업화는 본질적으로 이윤 창출과는 무관한 연구에 자금을 지원하지 않기 때문이다.

대학은 한때 학문의 전당이라 불렸지만, 이제는 상업화의 그늘 아래서 그 기능을 잃고 있다. 철학과처럼 오랫동안 대학의 상징과도 같았던 학과들이 사라지거나 취업이 되지 않는다는 이유로 인문학이나 사회과학의 학문적 흐름이 끊어지는 현상이 나타난 지는 이미 오래되었다. '기초 학문의 위기'라는 주장은 이미 대중의 관심조차 끌지 못하는 상황이다. 학문의 유행은 얼마간 자연스러운 현상이라고 볼 수 있지만, 한 나라의 백년대계가 되어야 할 교육과 학문이 지나치게 상업적 추세에 편승하는 현상은 사회적 손실로 이어진다. 생명공학이나 인공지능 등 특정 분야나 학과가 우후죽순처럼 생겨났다가 얼마 지나지 않아 중복 투자와 인재의 과잉 공급으로 몸살을 앓는 일이 되풀이되고 있다.

학문적 생태계가 지나친 상업화로 다양성을 잃게 되면 생물종 다양성의 문제처럼 급격하게 상황이 변해 이전에 관심을 두지 않았던 영역에 대한 연구가 필요할 때, 텅 비어 있는 학문적 창고를 발견할 수밖에 없다. 당장 돈이 되지 않더라도 학계의 어디선가는 고전문학이나 철학에 대한 연구가 이루어져야 하고, 지구 밖의 지적 생명체를 찾기 위한 SETI Search for Extra-Terrestrial Intelligence 와 같은 프로그램도 계속되어야 하는 것은 바로 이 때문이다.

과학 연구의 위험성을 알린 아실로마 회의

GMO 식품은 유전자를 조작해 새로운 특성을 부여한 작물로 만든 먹거리를 말한다. 이는 오늘날 우리 식탁에서 이미 빼놓을 수 없는 자리를 차지하고 있지만 인체와 생태계에 미치는 안전과 윤리 문제를 둘러싼 논쟁은 그치지 않고 있다. GMO를 가능하게 한 기술은 재조합 DNA 기술이다. 이 기술은 1973년에 처음 탄생했을 때부터 큰 논란에 휩싸였는데, 그러니까 기술이 탄생해서 수많은 GMO 식품이 나온 오늘날까지 한순간도 논란에서 벗어난 적이 없었던 셈이다.

1953년 DNA 이중나선 구조 발견에 맞먹을 만큼 중요한 의미를 갖는 재조합 DNA 기술은 말 그대로 DNA를 조작해서 새로운 형질을 만들거나, 여러 생물의 유전자를 다시 짜맞추어서 자연 상태에서는 발견할 수 없는 새로운 종류의 집종 생물을 만들 수 있는 기술이다. 가령 처음 시장에 출하된 유전자 조작 토마토는 잘 무르지 않는 성질을 가져 오랫동안 보관하거나 장거리 수송을 해도 탈이 없었고, 심해에 살아 추위에 강한 넙치의 유전자를 채소에 넣어 서리에 피해를 입지 않게도 했다.

1973년 스탠리 코언 Stanley Cohen 과 허버트 보이어가 최초로 개발한 이 기술은 종의 경계를 뛰어넘는 새로운 가능성을 열어놓았다. 그렇지만 초기에는 새로운 기술에 대한 기대보다 지금까지 자연계에 한번도 없었던 새로운 생물체가 실험실 밖으로 유출될 경우 생태계가 망가질 수 있다는 우려도 컸다.

논쟁은 재조합 기술을 연구하는 과학자들의 경고로 시작되었다. 콜드스프링하버 연구소의 로버트 폴락 Robert Pollack이 당시 이 기술을 연구하던 스탠퍼드대학교의 폴 버그 Paul Berg와 그의 연구팀의 실험이 위험하다고 지적한 것이 발단이었다. 당시 버그 연구팀의 대학원생들이 원숭이 바이러스 SV40을 박테리오파지와 결합해서 대장균 E. coli에 삽입하는 실험을 했다. SV40은 일부 동물의 몸에서 종양을 일으키는 바이러스로 알려져 있었고, 따라서 실험 과정에서 이 잡종 생물이 실험실을 벗어나 생존할 경우 사람에게 감염될 수 있다는 위험성이 제기된 것이다. 버그는 실험을 중단하고, 같은 연구를 하고 있던 과학자들과 상의한 끝에 재조합 DNA 실험의 위험성을 토론하는 회의를 열기로 했다. 이것이 1975년에 열린 유명한 아실로마 회의다.

아실로마 회의라는 별명이 붙은 이유는 회의가 열린 장소가 아실로마라는 미국 캘리포니아의 작은 휴양도시였기 때문이다. 정식 명칭은 '재조합 DNA 분자에 대한 국제회의 International Conference on Recombinant DNA Molecules'였고, 미국을 비롯한 여러 나라의 과학자 134명, 언론인 21명이 참여해서 4일 동안 열띤 토론을 벌였다. 회의 결과 과학자들은 실험을 위험성에 따라 세 가지 유형으로 나누고 앞의 두 가지 유형에 대해서는 실험을 유예할 것을 촉구했다. 그러니까 위험 여부가 밝혀지기 전까지 과학자들이 일정 기간 실험을 중단하라는 권고를 스스로 채택한 셈이다. 또한 회의 참석자들은 이 분야의 연구를 총괄하는 기구인 국립보건원에 재조합 DNA 실험에 대한 가이드라인을 마련해줄 것을 촉구했다. 가이드라인은 법률적인 효력은 없지만, 어디까지 연구할 수 있는지 그 범위를 설정하는 일종의 지침이기 때문에 안전성이나 윤리가 문제가 되는 연구에서는 중요했다.

아실로마 회의는 연구자들이 스스로 자신의 연구가 가지는 위험성을 과학 바깥세상에 알리고, 그 위험을 최소화하기 위해 회의를 소집한 최초의 사례로 역사적 의미가 있으며, 이후 여러 분야의 연구자에게 하나의 모범이 되었다. 지난 2017년에는 일론 머스크 Elon Musk와 스티븐 호킹 Stephen Hawking을 비롯한 많은 과학자와 개발자들이 아실로마에 모여서 안전하고 윤리적인 인공지능 연구를 위한 '아실로마 AI 원칙 Asilomar

' 23개항을 발표했다. AI 연구자들이 아실로마에서 다시 회의를 연 것은 1975년 재조합 DNA의 위험성을 스스로 알리고 그에 대한 대응을 촉구한 선배 과학자들의 노력을 기리고 그 뜻을 함께하기 위해서였다.

그림17 과학자들은 1975년 2월 아실로마 회의에서 재조합 DNA가 인류의 미래에 미칠 영향을 두고 치열하게 토론했다. 왼쪽부터 생물학자인 맥신 싱어, 노턴 진더, 시드니 브레너, 생화학자 폴 버그다.

4 과학과 사회적 불평등

과연 과학은 사회가 진보하는 데 도움이 될까? 과학이 불평등을 없앨 수 있을까? 과학이 발달하면 차별이 사라질 수 있을까? 과학과 사회적 불평등의 관계를 오랫동안 연구해온 과학사회학자 샌드라 하딩Sandra Harding은 자신의 저서 《과학과 사회적 불평등Science and Social Inequality》에서 과학이 사회 정의를 위해 어떻게 더 잘 활용될 수 있을까라는 문제를 제기했다. 이런 물음에 답하기 위해서는 먼저 과학과 사회 진보가 무엇을 뜻하는지 명확하게 정의할 필요가 있다.

최근에 이르기까지 서구의 학자들은 대부분 근대과학이 사회 진보에 기여하지 않았다는 입장을 드러내는 것을 비합리적인 생각 또는 '반反과학'으로 간주해왔다. 대다수는 '과학'이라는 말 자체가 진보 또는 발전과 같은 말이라고 생각해왔으며, 지금도 마찬가지다. 과학기술이 일상에 접목되면서 생활수준이 높아지고, 위생 보건이 나아지고, 의약과 건강 관리의 혜택을 입었고, 여행과 통신이 편리해졌으며, 제조업과 농업, 그리고 그 밖의 경제적 생산이 비약적으로 늘어난 게 사실이다.

그러나 지난 수십 년 동안 근대과학의 발전과 사회적 진보 사이의 관계를 두고 세계 여러 곳에서 회의적인 관점이 나타났다. 이들의 관점은 근대과학이 군사기술과 연결되는 측면에 초점을 맞췄고, 과학기술이 발전하면서 제약 산업을 비롯한 기업의 이윤이 늘어나는 데 크게 기여하고 있다고 지적했다. 과학적 농경, 제조업, 군사기술, 그리고 일상적으로 이용되는 숱한 기술이 환경을 파괴하는 문제도 심각하다는 사실도 드러났다. 또 과학이론이 인종과 성차별의 근거로 악용되고, 서구의 과학기술이 다른 저개발국들로 온전히 전해지지 않고 제3세계의 빈곤이나 사회문제를 해결하는 역할을 제대로 하고 있지 못하는 문제도 제기했다.

이러한 문제점의 원인은 과학 자체보다도 탐욕스럽고 반민주적인 정치 주체들과 그들의 잘못된 통치 행위라는 반론도 나왔다. 그러나 회의론자들은 이러한 현상이 탐욕과 나쁜 정치 때문이 아니라 근대과학 자체의 여러 가지 특성 때문에 야기된 것이라 주장했다. 그들의 관점에 따르면, 서구의 근대과학 연구가 발전할수록 지역과 세계의 불평등과 사회적 부정의는 불가피하게 증가할 수밖에 없다.

수많은 학자와 사회운동가는 어떻게 좋은 과학good science, 즉 좋은 의도를 가진 과학자들의 연구가 나쁜 결과를 초래하고 촉진할 수 있는지를 둘러싸고 논쟁을 벌였다. 역사학자, 사회학자, 민속지학자, 철학자, 그리고 문화이론가들은 근대과학과 반민주적인 사회적·정치적·경제적 집단 사이의 공모 관계를 밝혀내려 했다. 이외에도 페미니스트, 인종차별 반대론자, 빈민운동가, 군사주의 반대운동가, 성소수자 운동가, 환경운동가, 다문화주의자, 그 밖의 사회운동가들이 과학과 사회의 관계에 내재한, 지금까지 잘 드러나지 않았던 문제에 초점을 맞추었다.

그렇지만 과학자들을 비롯한 대다수는 여전히 이러한 주장에 근거가 빈약하다고 여긴다. 과학자들은 자신들이 사회발전을 위해 노력해왔으며, 자신들이 채택한 방법론은 그 자체로 가치중립적이라고 주장한다. 따라서 자신들이 과학자로서 행한 일은 사회문제에 하등의 책임도 없다고 생각한다. 이들의 주장에는 개인의 의도가 선하고, 이미 수립된 규칙을 잘 따랐다면 오로지 좋은 결과만이 나올 것이라는 믿음이 깔려 있다. 과학 활동으로 잘못된 결과가 나타났다면 그것은 예측할 수 없었던 문제이거나 과학과는 무관한 사회적·정치적 의사결정 때문일 것이라고 주장한다. 다시 말해서, 과학에는 문제가 없는데 과학을 적용하는 사회에 문제가 있기 때문이라는 것이다. 과연 그럴까?

과학기술과 사회의 관계를 연구해온 과학기술학Science & Technology Studies, STS 분야를 비롯해서 사회학 등 여러 분야의 학자들은 과학기술이 빠르게 발전하는 데 비해 그에 대한 사회적인 대응은 뒤처져서 과학기술로 인한 혜택이나 기회, 피해가 모두에게 고루 돌아가지 않고 특정한 계층이나 집단에 집중된다고 지적했다. 다시 말해서, 과학기술이 발달할수록 기존의 사회적 불평등과 집단 간 격차가 줄기는커녕 오히려 늘어나는 것이다. 정보격차digital divide, 나노격차 같은 문제가 대표적이다. 이렇게 생겨난 불평등은 과학 연구에 따른 일시적인 부작용이나 일탈적 현상이 아니라 과학이 수반할 수밖에 없는 일반적인 현상이며, 과학 활동이 고도화될수록 함께 재생산 혹은 증폭될 것으로 예측한다. 따라서 한정된 자원을 과학기술에 얼마나 할당해야 하느냐는 문제와 동시에 그로 인한 혜택과 위험의 공평한 분배 문제가 동시에 제기되기 시작했다. 과학의 상업화 때문에 벌어지는 편향, 그로 인한 불확실성과 불평등이 커지는 문제를 해결하려는 관점이 '규제 과학regulatory science'이다.

정보에 소외되는 사람들

　이 장을 시작하면서 과학이 발달하면 사회적 차별이 사라질 수 있을까라고 질문했다. 실제로 많은 사람은 과학기술이 발달하면 저절로 불평등이나 차별과 같은 사회적 문제가 해결되리라는 막연한 믿음을 가졌다. 그중 한 예가 정보혁명이다. 1980년대부터 2000년대 초까지 이른바 정보통신기술Information Communication Technology, ICT 혁명이 우리 사회를 뒤흔들었다. 진공관이 트랜지스터로 바뀌고 다시 IC칩의 집적도가 높아지면서 제2장에서 이야기했던 에니악과 같은 덩치 큰 메인프레임 컴퓨터가 작은 칩 속으로 들어갈 수 있었고, 그 결과물이 각 가정에, 결국에는 모두의 손안에 들어

오게 되었다.

〈응답하라〉 같은 시리즈 드라마를 보면 이를 체감할 수 있다. 이 드라마가 큰 인기를 끌었던 이유 중 하나도 우리 일상 속에서 비교적 짧은 기간 동안 빠르게 변화한 것들을 깨알 같은 디테일로 그려 내 놀라움과 향수를 불러일으켰기 때문일 것이다. 벽돌만 하던 휴대폰이 손안에 쏙 들어가는 크기로 줄어들었다가 다시 스마트폰이라는 정보처리기로 탄생하고, 음극선관을 이용하던 브라운관 TV와 컴퓨터 모니터가 사라지고 얇은 액정 화면으로 바뀌는 변화를 우리는 몸소 겪었다.

이런 변화를 두고 과학기술 분야를 넘어 사회학자들 사이에서도 정보화 혁명론이 화두에 올랐다. 우리나라에서도 큰 인기를 끌었던 MIT 미디어랩의 니콜러스 네그로폰테 Nicholas Negrophonte 가 집필한 《디지털이다 Being Digital》와 같은 책이 대표적으로 정보화 혁명과 이에 따른 사회변화를 주장했다. 정보화 혁명론은 정보기술의 혁명으로 우리 사회가 전례를 찾아볼 수 없는 변화를 겪게 되고, 특히 그동안 인류를 괴롭혀왔던 사회문제가 해결될 수 있을 것이라는 주장을 폈기에 진보적인 혁신가와 사회운동가들의 관심을 끌었다.

정보화 혁명론에 따르면 기존의 산업사회는 물질을 기반으로 하기 때문에 재화의 부족으로 인한 불평등과 소외의 문제에서 자유로울 수 없고, 카를 마르크스 Karl Marx 가 지적한 계급 갈등이 빚어질

그림18 정보격차는 사회적·경제적·지역적·신체적 여건에 따라 정보에 접근할 기회에 차이가 생기는 것을 말한다.

수밖에 없지만 정보사회는 그런 문제에서 벗어날 수 있다는 것이다. 정보는 비트bit를 기반으로 해서 얼마든지 복제가 가능해 무한히 분배할 수 있기 때문이다. 또한 산업사회는 계급이나 계층에 따른 수직적 위계hierarchy를 기반으로 하기 때문에 권위적이고 정치적인 억압이 반드시 따라오지만, 네트워크network가 특징인 정보사회는 위아래가 없고 모든 것이 수평적이라서 평등과 자유가 가능하다는 것이다. 이런 주장은 무척 그럴듯했기에 진보 진영의 많은 사람이 정보화 혁명에 열광했고, 사회학에서는 한때 정보사회학 분야가 주류를 이룰 정도였다.

그렇지만 정작 정보화가 빠르게 진전되자 전혀 생각지 못한 문제가 벌어지기 시작했다. 전 세계적으로 이른바 정보격차가 나타나기 시작한 것이다. 정보격차란 정보화가 진행될수록 그 혜택을 보는 계층과 그렇지 않은 계층 사이의 차이가 두드러지게 나타나는 현상을 말한다. 이 현상에 따르면 정보기술의 발달이 모든 계층에게 두루 혜택을 주는 것이 아니라 상대적으로 교육수준, 부, 사회적 지위가 높을수록 더 많은 혜택을 받게 된다는 뜻이다. 따라서 정보화 혁명론을 제기한 사람들의 주장과 달리 정보화를 진행하면 할수록 기존의 상위 계층은 정보기술을 활용해 부와 사회적 지위를 키우는 반면, 하루 벌어 하루 먹기 바쁜 사람들은 컴퓨터나 인터넷 등을 통해 정보화 기술을 접하기 어려워 결국 사회적 격차가 더 벌어지게 된다.

　각국 정부는 이러한 정보격차를 줄이기 위한 방안을 마련하느라 골몰했다. 그리고 정보격차를 해소하기 위해 크게 두 가지를 시도했다. 하나는 저소득 계층과 소외 계층에 컴퓨터를 값싸게 보급해 정보기술을 접할 기회를 높이려 했다. 미국과 우리나라가 이를 실행하면서 국민컴퓨터라 불리는 기본적인 기능만 갖춘 컴퓨터를 대량으로 보급했다. 하지만 먹고살기 위해 새벽부터 밤늦게까지 일에 매달리는 사람들에게 컴퓨터만 지급한다고 해서 갑자기 정보기술을 잘 활용하기는 힘들었다. 오히려 어른들이 없는 사이에 아이들이 게임이나 불법 콘텐츠에 빠지는 등 무분별하게 정보기술을 활용하는 부작용을 낳기도 했다.

　컴퓨터를 보급하는 대신 컴퓨터 활용 기술 등 정보기술을 널리 교육하려는 시도도 이어졌다. 유럽의 여러 나라가 이 방식을 활용했는데, 특히 블루칼라의 작업장에서 무상으로 컴퓨터와 인터넷 교육을 받을 수 있는 프로그램을 폭넓게 제공했다. 하지만 저소득층의 경우 상대적으로 여가시간이 부족하고 남는 시간에 교육을 받기보다는 다른 일을 더해 부족한 생활비를 버는 경우가 많았기 때문에 이러한 노력도 실효를 거두지는 못했다. 결국 정보격차 현상에는 백약이 무효였고, 정보의 빈부 격차는 해결하기 힘든 문제로 굳어졌다. 정부나 학계도 더는 이 주제를 적극적으로 다루지 않게 되었다.

　정보격차는 국가와 국가 사이에서도 나타났다. 1999년 당시 전 세계 인터넷 사용자 중 57%가 북미 지역(50% 이상이 미국), 22%가 유럽, 17%가 아시아 지역에 속해 있었고, 남미 3%, 아프리카 0.7%, 중동 지역은 0.5%에 머물렀다. 당시 미국 인구는 전 세계 인구의 4.7%에 불과했는데 말이다. 미국 내에서도 히스패닉계 미국인과 아프리카계 미국인, 즉 흑인이 컴퓨터를 보유한 비율은 백인의 절반에 불과했고, 인터넷 사용은 백인의 40%, 가정에서 인터넷을 사용할 수 있는 비율은 3분의 1에 불과했다.

　과학기술이 발달하면 저절로 사회문제가 해결될 수 있다는 생각을 기술결정론이라고 한다. 그렇지만 과학이 발달해서 불평등이나 차별과 같은 고질적이고 구조적인 문제가 저절로 해결되리라는 믿음은 앞서 살펴본 것처럼 터무니없는 생각에 불과하다. 정보격차 현상은 이런 생각이 얼마나 위험한 것인지 잘 보여주는 사례다. 오늘날 정보격차는 정보기술에만 국한되지 않으며 다른 신흥기술emerging technology에서도 되풀이해서 나타나고 있다.

과학으로 인한 이익은 모든 사람에게 보편적으로 돌아갈 거란 일반적인 믿음이 있다. 그렇지만 과학사회학의 연구에 따르면, 과학은 보편적이지 않으며 특정한 집단에게 더 많은 혜택이 돌아가는 게 사실이다. 이러한 경향은 새로운 것이라기보다는 자본주의가 고도화되고, 그에 따라 과학기술이 자본과 긴밀하게 묶이면서 그 정도가 심화되고 있다고 보는 게 맞을 것이다. 오늘날 우리 사회에 퍼진 첨단과학 지상주의와도 무관하지 않은데, 과학은 우리에게 좋은 것이라는 과학주의 scientism 는 첨단과학 또는 신기술은 곧 바람직한 것이라는 편향적 사고로 발전했다. 이러한 편향은 과학이 무엇을 위한 인간활동이고, 첨단과학이 누구에게 봉사하는가에 대한 성찰을 무디게 한다.

편향은 생명공학과 의료기술 영역에서 두드러지게 나타난다. 시장의 규모가 세계로 확대되면서 과학 연구에 이윤 창출과 경쟁력 확대라는 목적이 강화되고 있고, 연구개발의 수요층도 점점 더 상품 구매력이 높은 고소득 집단이 되고 있기 때문이다. 이러한 경향은 결국 양극화를 강화하고, 불평등을 확대 재생산하는 결과를 낳는다. 계급, 계층 간 갈등은 결국 과학 발전은 물론 사회적으로 큰 손실로 이어진다.

과학의 불평등이라는 주제를 다룬 〈과학, 기술과 인간 가치〉 2003년 특집호는 선진국과 후진국 간의 불평등이라는 주제를 집중적으로 다루었다. 이 특집호의 편집을 맡은 피터 센커 Peter Senker 는 편집자 서문에서 전 세계에서 벌어지는 수많은 연구 개발이 초국적 기업을 비롯한 세계적인 기업의 주도하에 전 지구적 시장의 수요를 만족시키는 데 목적을 두고 있다고 말했다. 그 수요는 고소득 소비자의 수요이며, 실질적으로 오늘날 대부분의 연구는 선진국의 대규모 시장에 팔기 위해 진행된다는 것이다.

몇 해 전 우리 사회에서 큰 쟁점이 되었던 백혈병 치료제 글리벡 사태는 아무리 보험을 적용해도 비싼 약값으로 경제력을 갖춘 일부 계층에게만 첨단과학기술의 혜택이 돌아가는 문제점을 여실히 보여주었다. 기적의 항암제로 불렸던 글리벡은 초국적 제약업체 노바티스사의 제품으로, 백혈병 환자들에게 큰 희망을 안겨주었지만 한 달 약값이 700만 원에 육박해서 저소득층에게는 그림의 떡에 불과했다. 글리벡 공동대책위원회는 노바티스사에 약값 인하를 요구했지만, 신약을 개발하는 데 들어가는 천문학적 연구개발비를 이유로 응하지 않았다. 정부 역시 거대 제약회사에 강제실시권을 행사하지 못해, 2013년 특허기간이 만료되기까지 치료를 포기하는 환자들이 속출했다.

이처럼 생명공학이나 의료기술이 발달하여 새로운 치료법이나

그림19 2001년 9월 11일, 백혈병과 혈액질환을 이겨내는 사람들의 모임인 '새빛누리회' 환자들이 서울 광화문 정부중앙청사 앞에서 백혈병 치료제 글리벡의 보험급여를 전면 적용해줄 것을 정부에 촉구하고 있다.

신약이 개발되어도 처음에는 엄청난 치료비와 약값으로 누구나 이용하기 힘든 경우가 많다. 요즈음 가장 뜨거운 관심을 받고 있는 인공지능이나 신경과학 분야에서도 비슷한 문제가 발생한다. 첨단기술을 개발하는 데는 막대한 개발비가 들어가기 때문에 초기에 출시되는 제품은 개발비를 회수하기 위해 가격을 높게 매기기 마련이다. 따라서 높은 비용을 치르고 이런 기술을 가장 먼저 접할 수 있는 사람은 그 사회의 부유층밖에 없다. 시간이 흐르면 특허가 만료되고 복제약이 나오는 등 첨단 제품의 가격이 내려가 더 많은 사람이 신기술에 접근할 수 있게 되겠지만, 그 기간 동안의 지체遲滯 현상을 피할 수는 없는 셈이다.

전 세계를 공황상태에 빠지게 했던 코로나19COVID19도 백신을 둘러싼 선진국과 제3세계 국가 사이의 접근 불평등이라는 문제점을 노출했다. 코로나19 발발 초기에 마스크를 비롯한 기본적인 의료용품 부족 사태가 빚어지면서 필요한 물품을 먼저 확보하려는 필사적인 경쟁이 벌어졌다. 미국과 중국을 비롯한 강대국은 자국민을 챙기기도 버거웠고, WHO의 호소에도 불구하고 아프리카나 다른 저개발 국가의 국민은 마스크 한 장 구하기가 어려워 거의 무방비 상태로 코로나19에 노출되었다. 백신 개발이 시작되면서 이러한 불평등은 더욱 드러났는데 화이자, 아스트라제네카, 모더나 등의 기업이 미국과 유럽에 기반을 둔 다국적 기업이기 때문에 초기에 생

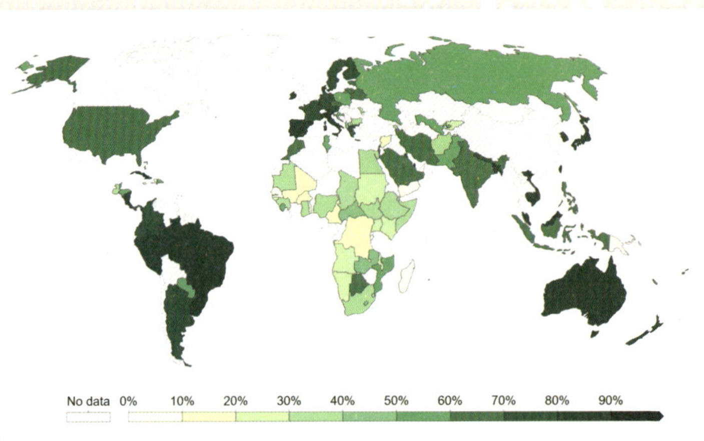

그림20 2023년 7월 23일 기준, 전 세계 코로나19 백신 접종 인구 비율을 나타낸 지도. 색깔이 진할수록 백신 접종자 비율이 높다. 아프리카에서는 접종한 사람이 드문 것을 알 수 있다.

산된 백신 물량의 배분을 둘러싸고 선진국 사이에 치열한 경합이 벌어졌다. 우리나라도 삼성 등 세계적인 대기업까지 동원하면서 백신을 선점하기 위해 안간힘을 기울였다.

이 과정에서 아프리카를 비롯한 제3세계는 철저히 소외되었다. 코로나19가 팬데믹으로 이어지면서 진정 기미를 보이지 않고 확산되던 2021년 5월 10일, 시릴 라마포사Cyril Ramaphosa 남아프리카공화국 대통령은 백신 접종을 둘러싼 부자 나라와 가난한 나라 사이의 극단적 격차를 "백신 아파르트헤이트"라고 강하게 비난했다. "선진국과 부자 나라의 사람들은 안전하게 백신을 맞는 반면 가난한 나라에서는 수백만 명이 접종을 하지 못한 채 죽음을 기다리는 상황은 백신 아파르트헤이트에 달할 것이다. 그것은 좀 더 평등한 세상을 실현하려는 우리의 추구와 미래 팬데믹에 대처하는 우리의 능력에 파괴적인 선례를 만들 것이다." 아파르트헤이트apartheid 란 격리를 뜻하는 말로 과거 남아프리카공회국의 백인정권이 지행했던 극단적인 유색인종 차별정책을 뜻한다. 1948년 남아프리카공화국의 국민당 정권은 법률로 이러한 차별을 공식화하기까지 했다. 라마포사 대통령은 과거의 아픈 기억을 떠올리며 코로나19 상황에서 새로운 아파르트헤이트가 벌어지고 있다고 비난한 것이다.

유엔이 정한 '인종차별 철폐의 날'이었던 2021년 3월 21일, 세계 에이즈 감염 대책을 위해 활동하는 유엔 기관인 유엔 에이즈UN

AIDS는 성명을 발표했다.

　가장 취약한 이들이 코로나19로부터 가장 큰 타격을 받는 것도 모자라, 백신이 개발되었지만 백신에 접근하는 것마저 심각한 불평등이 존재한다. 많은 이가 이를 '백신 아파르트헤이트'라고 부른다.

　아프리카와 아시아에서는 의료진조차 백신을 접종하지 못하는 동안, 이스라엘은 '세계 첫 인구집단면역'을 선언하고, 미국 텍사스주는 마스크 의무화 조치를 해제하고 있었다. 이러한 기술 접근 지체, 불평등 심화를 줄이기 위해서는 과학만이 아닌 시민사회 전체의 노력이 필요하다. 이 주제는 마지막 절에서 살펴보기로 하자.

우생학과 인종차별

　과학이 발달하면 차별이 사라질까? 유전자 연구 결과, 인종과 성을 차별할 근거가 없다는 사실이 밝혀지면 자취를 감출까? 올림픽이나 월드컵 경기가 열릴 때면 항상 "우리는 인종차별에 반대한다 SAY NO TO RACISM"는 현수막이 나붙고 선수들은 차별을 하지 않겠다고 선서하곤 한다. 그러나 막상 경기가 시작되고 분위기가 과열되면 으레 상대 선수를 향해 비신사적인 비난이 쏟아지고, 아시아나 남미, 아프리카계 선수에게 인종차별적 험담을 내뱉는다. 유럽 축구 리그에서 뛰었던 우리나라의 박지성 선수나 손흥민 선수도 이러한 차별을 피할 수는 없었다.

그렇다면 왜 인종차별이 사라지지 않는 것일까? 인간유전체계획의 2003년 염기서열 분석 결과는 인종이나 민족 간에 유의미한 유전적 차이가 없다는 사실을 증명했다. 인종이나 민족보다는 개인 간의 차이가 훨씬 더 크다는 것이다. 그런데도 인종차별은 끈질기게 이어진다. 과학적 근거가 없어도 고질적인 차별은 사라지지 않는 것이다.

사실 인종차별이 쉽게 사라지지 않는 원인에는 우생학eugenics 이라는 어두운 그림자가 드리워져 있다. 우생학은 진화론으로 유명한 찰스 다윈Charles Darwin의 조카인 프랜시스 골턴Francis Galton이 19세기 후반에 창시한 것으로 잘 알려져 있다. 그는 아프리카를 여행하면서 흑인종은 열등하다고 확신했다. 이후 그는 백인종 내에서도 머리가 좋은 사람은 똑똑한 자손을 낳고, 머리가 나쁜 사람은 멍청한 자손을 낳는다는 이론을 수립했다. 그의 저서 《유전적 천재Hereditary Genius》(1869)는 우생학 역사에서 중요한 전환점이 된 책이다. 그는 현대사회에서 '부적자unfit'가 제거되지 못하면 이들이

그림21 아프리카계 미국인이 터미널 식수대에서 물을 마시고 있는데, 식수대에 'Colored유색인종'이라고 적혀있다. 1939년 7월에 오클라호마시티에서 찍은 사진이다.

빠른 속도로 퍼져 빈곤층이 증가한다는 주장을 폈고, 따라서 '부적자들의 생식을 억제, 적자適者가 더 많은 아이를 낳도록 통제해서 사회를 개량하는 프로그램'을 제창했다.

당시 우생학은 괴짜 생물학자들의 얼빠진 주장이 아니라 진지한 학문으로 인정받았다. 생물학을 통해 인종을 개량해 빈곤과 범죄 등으로 골치를 앓았던 19세기 영국의 사회문제를 해결하려고 시도했다. 우생학은 인간의 지적 능력이 유전에 의해 결정된다는 주장을 펼치면서 기존의 사회질서를 유지하고, 유색인종이나 여성 차별을 정당화했다. 이후 우생학은 미국으로 건너가 한층 발전했고, 독일의 히틀러가 유대인을 학살하는 근거로 활용되었다. 이처럼 인류 역사에 인종차별이 깊이 뿌리내렸기에 오늘날까지도 쉽게 사라지지 않고 있다.

과학과 성차별

그렇다면 과학은 젠더gender의 문제, 즉 성차별은 해결할 수 있을까? 젠더란 생물학적 성이 아닌 사회문화적으로 형성된 성을 뜻한다. 여성 차별, 즉 여성이 남성보다 열등하기 때문에 여성을 차별하는 것은 당연하다는 식의 생각도 그 역사가 상당히 깊은데 앞에

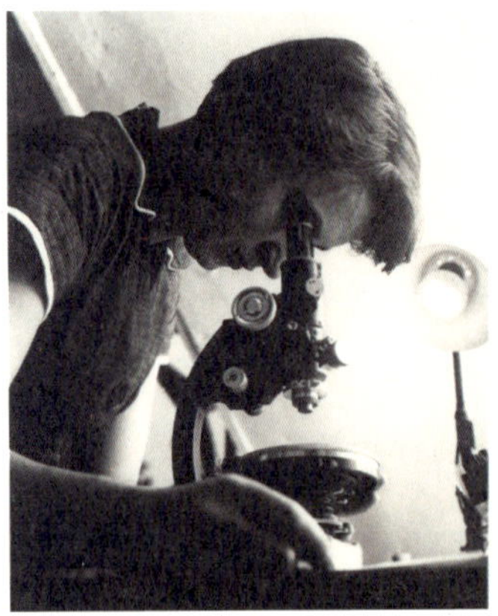

그림22 1955년, 현미경을 보는 로절린드 프랭클린의 모습. 그녀는 DNA가 이중나선 구조라는 사실을 발견하는 데 결정적인 기여를 했다.

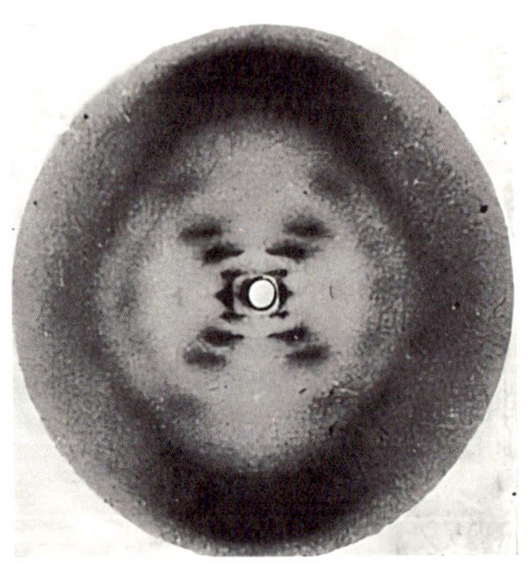

그림23 로절린드 프랭클린이 촬영한 DNA X선 회절 사진. 이 사진을 바탕으로 DNA가 이중나선 구조임을 입증했다.

서 다룬 우생학도 그중 하나다.

남성과 여성의 능력에 타고난 차이란 없으며, 사회구조가 성차별을 종용한다는 주장은 이미 여러 학자가 제기해왔다. 진화생물학자이자 고생물학자인 스티븐 제이 굴드 Stephen Jay Gould 는《인간에 대한 오해 The Mismeasure of Man 》라는 유명한 책에서 여성에 대한 편견이 생물학적 결정론이라는 편견에서 비롯되었다고 비판했다. 그는 역사적으로 여성이 남성보다 열등하다는 다양한 근거가 나왔지만, 이는 데이터를 조작하거나 단순히 뇌 용량을 정신적 능력으로 환산하려 시도하는 등 남녀의 신체 차이를 보정 補正 하지 않은 결과일 뿐임을 잘 보여주었다.

이런 연구에도 불구하고 과학은 비교적 최근에서야 젠더 문제를 본격적으로 다루기 시작했고, 아직도 여러 면에서 갈 길이 멀다. 과학계 자체도 젠더 문제에서 자유롭지 못해서 여성 과학자가 제대로 인정을 받지 못하는 문제도 여전히 심각하다. DNA 이중나선 구조를 발견하는 과정에 얽힌 X선 결정학자 로절린드 프랭클린 Rosalind Franklin 이야기가 대표적인 사례다. 안타깝게도 그녀는 DNA가 삼중나선이 아닌 이중나선이라는 결정적인 근거가 된 X선 회절 사진을 제공했음에도 불구하고, 충분한 인정을 받지 못했다. 당시 세계적인 화학자 라이너스 폴링 Linus Pauling 이 삼중나선을 주장했기 때문에 프랭클린이 제시한 증거는 왓슨과 크릭이 이중나선 구조로 마음을 굳히는 데 매우 결정적인 실마리가 되었다. 아직까지는 논쟁이 남아 있지만, 프랭클린은 51번 사진에서 DNA가 이중나선이라는 증거를 찾았는데 그녀가 허락하지 않은 상황에서 영국의 생물물리학자 모리스 윌킨스Maurice Wilkins가 이 사진을 왓슨과 크릭에게 전달했다고 한다.

여성운동 진영에서는 프랭클린이 이 사진을 사실상 도둑맞았고, 왓슨과 크릭이 여성이라는 이유로 프랭클린의 연구 성과를 인정하지 않아서 그녀가 제대로 평가받지 못했다고 비난한다. 실제로 왓슨이 DNA 이중나선 구조를 발견하게 된 과정을 상세하게 서술한 《이중나선The Double Helix》을 보면 그녀를 그리 높게 평가하지 않는다. 이 이야기를 다룬 다큐멘터리 〈51번 사진의 비밀〉이 미국의 공영방송 PBS에서 제작되기도 했다.

프랭클린 이후 수십 년이 지난 20세기 말에 와서도 상황은 크게 나아지지 않았다. 1999년에 과학저널 〈사이언스〉에 흥미로운 기사가 실렸는데, 당시 MIT대학교의 분자생물학자이자 시니어 교수였던 낸시 홉킨스Nancy Hopkins가 자신이 MIT대학교에서 여성이라는 이유로 차별당하고 있다고 폭로한 것이다. 많은 사람이 당시 유명 대학의 과학자이자 쉰여섯 살의 시니어 교수인 여성도 차별을 받는다는 사실에 깜짝 놀랐다. 그녀는 자신이 다른 시니어 남성 교수와 비슷한 학문적 업적을 이루어내도 주니어 교수들이나 학교 당국으

Senior scientists at MIT and Harvard find their voice amid growing discontent with their institutions' slow progress in hiring and retaining female researchers

Tenured Women Battle to Make It Less Lonely at the Top

"I thought how unpleasant it is to be locked out; and I thought how it is worse perhaps to be locked in."

—Virginia Woolf, contemplating women in academia, in *A Room of One's Own*

CAMBRIDGE, MASSACHUSETTS—It took more than a year of fussing with tape measures, typing out a 13-centimeter stack of pleading memos, and haggling with her department chair, dean, and provost, but Nancy Hopkins finally won an additional 19 square meters of lab space to expand her promising work on the mutagenesis of zebrafish. It wasn't until a few months later, as she sat writing a grant proposal on a cold Saturday morning in early 1994, that the ignominy of the experience hit her.

"I suddenly realized my own insignificance, my lack of value" in the eyes of her colleagues, recalls the 56-year-old tenured molecular biologist at the Massachusetts Institute of Technology (MIT) here. She reran in her mind a long series of unpleasant incidents that had dogged her 26 years at the institute —from the big fight for a little lab space to an ongoing battle with male professors over ownership of an undergraduate course she had developed. And for the first time in her career, she felt that the common thread was gender—that she was of less account than her male colleagues and that her accomplishments were all but invisible in a primarily male world. "It was as if I didn't exist. It was a very strange sensation and very unpleasant. Fortunately, it turned to anger."

The fruits of that anger landed Hopkins on a White House dais this past April, where she discussed gender inequities in her workplace as she sat between an admiring U.S. President Bill Clinton and his wife Hillary. Even more surprising was the astonishing public admission just weeks before by MIT President Charles Vest that the university had been guilty of systematically depriving distinguished women scientists like Hopkins of their fair share of salary, lab space, and other resources.

Hopkins's sudden celebrity coupled with MIT's admission and an accompanying report are part of a new groundswell of concern about the status of women professors in the sciences. A congressionally mandated committee is holding public hearings on the issue, a series of recent symposia have focused attention on the small number of female researchers, and faculty women and sympathetic male colleagues around the country are debating the matter more openly with administrators (*Science*, 11 June, p. 1757).

In contrast to the bitter affirmative action battles of the 1970s and '80s—marked by

Room of her own. Nancy Hopkins with zebrafish in her MIT lab.

legislation and angry marches—the new challenge to university administrators is quieter but potentially more formidable, for it is being mounted by respected professors with tenure. They have chosen to spend their careers inside the academic enclave—and so are locked in, as Woolf put it—but now they find themselves frustrated by the glass ceiling that many male and female academics say still separates the sexes at universities. "We probably won't be as radical as [previous activists], since we want to work within the system rather than be confrontational," says Cynthia Friend, the sole woman chemist on Harvard's faculty and co-founder of a new panel seeking to increase the number of women researchers at that university.

Their task is quite different and in some ways more difficult than that of their predecessors. Rather than confronting open opposition from institutions, they are struggling with subtle inequalities stemming from the unconscious attitudes of individuals. "But the people involved are not going to give up easily, and we're not going away," says Friend. Adds Melissa Franklin, Harvard's first female tenured physicist, "It's up to us to force the issue."

The numbers tell part of the story. After nearly 2 decades of struggle, resulting in considerable gains, women still make up only 12.5% of senior faculty (associate and full professors) in the natural sciences and engineering at all U.S. universities and 4-year colleges (see upper graph), according to National Science Foundation data. In the top 90 U.S. research universities in 1995, less than 10% of senior faculty in those disciplines were women. And at the very top of the academic heap, the numbers are particularly lopsided: In 1995 less than 5% of Harvard's senior faculty were female, and at the MIT campus just down the street, women made up only 6.2% of the top ranks.

Although the percentages of female junior faculty members in all of these categories are roughly double those of full professors—a promising trend— women remain a small minority on science and engineering faculties. And at some institutions, even though the national pool of young women scientists continues to expand (see lower graph), the numbers are moving down rather than up. At Harvard, for instance, the percentage of women junior faculty in the natural sciences dropped from 19.7% in 1995 to 13.7% this year.

The fact that women tend to leave the scientific track at much higher rates than men is well documented (*Science*, 29 March 1996, p. 1901). Now there is disturbing evidence that even the highly successful women who remain in academia and prosper may feel desperately unhappy and out of the loop with their colleagues. That unhappiness gets transmitted to younger women starting out and may help scare a new generation away from

그림24 낸시 홉킨스의 폭로를 보도한 1999년 11월 12일 〈사이언스〉 기사. 낸시 홉킨스는 여성이란 이유로 MIT 교수 집단 내에서 차별받고 있다고 폭로했다.

로부터 충분히 인정을 받지 못했다고 주장했다. 예를 들어, 비슷한 경력의 남자 교수와 같이 걸어다니면 수니어 교수늘은 남자 교수에게는 깍듯하게 인사하지만, 자신에게는 농담조로 인사한다는 것이다. 사소하게 보일 수도 있지만 사람들이 그녀가 하는 모든 일을 이런 태도로 바라보는 것이 진짜 문제였다. 똑같은 규모의 대형 과학 연구 프로젝트를 진행하면서도, 학교 당국은 남자 교수에 비해 비좁은 연구 공간을 그녀에게 제공했다.

홉킨스의 사례가 보도되자 미국의 아이비리그라 불리는 명문대 여교수들이 동조하면서 자신들이 당한 사례를 줄줄이 폭로했다. 여성 과학계에서 이른바 '미투Me Too' 사태가 터진 것이다. 결국 MIT 대학교는 여성이라는 이유로 시니어 교수들을 차별했다고 인정했고, 미국 의회는 청문회를 열었다.

이러한 성차별은 인종차별과 마찬가지로 지위 고하와 분야를 막론하고 여전히 이어지고 있다. 지금은 전 세계적으로 뛰어난 여성 정치 지도자, 스포츠 선수, 예술가가 능력을 펼치고 있지만 이들을 향한 차별은 여전하다. 앞에서 보았듯 과학적 인식과 문화적 인식이 반드시 함께 가는 것은 아니다. 그럼에도 여성이 남성에 비해 열등한 것이 아니라는 과학적 인식을 널리 퍼뜨릴 때 편견도 조금씩 사라질 수 있을 것이다.

공익적이고 정의로운 과학을 향하어

　　지금까지 과학의 문제점을 여러 가지 측면에서 살펴보면서 과학
이 발전한다고 해도 저절로 문제들이 사라지지 않는다는 것을 알게
되었다. 어쩌면 '과학에 대해 너무 부정적인 이야기만 하는 것이 아
냐?'라고 생각하는 청소년도 있을 것이다. 그렇지만 이 책은 과학에
대한 부정적인 인식을 심으려는 것이 아니라 어떻게 오늘날 과학이
안고 있는 문제점을 극복하고 모든 사람에게 도움이 되는 공익적이
고 정의로운 과하을 만들 것인가 하는 문제의식을 북돋아주기 위한
의도로 쓰였다.

　　사실 과학자들도 이런 과학의 문제점을 잘 알고 있었다. 많은 과
학자가 오래전부터 스스로 나서서 문제를 해결하기 위해 많은 노력
을 기울인 게 사실이다. 거대과학의 효시인 맨해튼프로젝트가 원
자폭탄을 만들어 투하한 직후, 세계적인 과학자들은 1946년에 세
계과학노동자연맹 The World Federation of Scientific Workers, WFSW 을

결성해서 과학이 전쟁에 동원되는 '과학의 오용'을 비판했다. 1981년에는 회원 수가 30만 명에 달했던 이 단체는 "불필요한 고통과 낭비를 초래할 뿐 아니라 과학 그 자체의 진보를 저해하는 과학의 오용을 수동적으로 용인할 수 없다"면서 핵무기 축소와 핵실험 반대를 주장했고, 과학은 인류 복지에 이용될 수 있기 때문에, 과학자는 일반 시민보다 큰 책임을 진다는 입장을 천명했다. 또 핵무기와 전쟁 근절을 호소하는 1957년에 시작된 퍼그워시 운동Pugwash Movement에는 마리 퀴리Marie Curie를 비롯한 수많은 노벨상 수상자가 참여했다.

과학이 잘못 이용될 때마다 스스로 문제를 제기해온 과학자들의 전통은 과학이 상업화되고 불평등을 심화하는 상황에서도 힘을 발휘했다. 1998년에 다양한 분야의 과학자들이 매사추세츠주 우즈홀에 모여서 공익과학협회Association for Science in the Public Interest, ASIPI라는 전문가 그룹을 만들었다. 이들 과학자가 제시한 목표는 "공공선에 봉사하는 과학science serving the public good"이었다. 즉 사사로운 이익이 아니라 모든 사람의 이익인 공익公益을 추구하는 '공익 과학'이라는 전망을 확실히 한 것이다.

이 그룹은 공익 과학을 다음과 같이 정의했다. 공익 과학이란 일차적으로 공공선을 위해 수행하는 과학이다. 공익 과학이 다른 과학과 다른 특징은 첫째, 가장 우선적인 수혜자는 사회 전체, 미래 세대, 또는 스스로 자신을 위해 연구를 수행할 수 없는 구체적인 '대중'이다. 둘째, 연구 결과는 누구든 자유롭게 활용할 수 있어야 한다. 즉 특허나 전유, 또는 접근을 독점해서는 안 된다. 셋째, 연구 결과는 공중의 구성원과 협의를 거치거나 공동 연구로 개발되어야 한다. 넷째, 연구에 내포된 가치나 가정, 또는 그 맥락은 숨김없이 밝혀져야 한다.

또한 과학을 전문가들의 손에만 맡겨두지 않고 일반 시민이 나서서 올바른 방향으로 나아가게 하려는 시민참여 citizen participation 움직임도 꾸준히 이뤄져왔다. 1960년대에 환경오염과 서식지 파괴 문제에 대응하기 위해 시작된 환경운동이 그 출발이라고 할 수 있으며, 1980년대 이후에는 시민이 직접 과학과 관련된 의사결정에 참여하기 위해 노력하고 있다. 특히 직접 민주주의 전통이 강한 북유럽에서는 시민합의회의 consensus conference 와 같은 시민참여제도가 만들어져서 GMO, 생명복제, 원자력 등 사회적으로 쟁점이 되는 주제를 두고 일반 시민이 주체가 되어 토론하고 바람직한 사회적 합의를 이끌어내려는 시도가 이어졌다.

2010년대 이후에는 의사결정 참여를 넘어 시민이 과학자들과 함께 환경을 모니터링하고, 생물 다양성에 대한 연구를 수행하고, 본격적으로 논문을 쓰는 등 좀 더 활발한 움직임이 전 세계적으로 나타났다. 이것을 시민과학 citizen science 이라고 한다. 우리나라에서도 이러한 사례가 많이 있다. 수원에서 발견된 토종 청개구리의 생태와 보존을 위한 연구에 직접 참여해서 휴대폰 앱을 통해 서식지와 생태 기록을 도왔던 '수원청개구리 탐사대', 새만금 간척사업으로 위태로워진 수라 갯벌을 살리기 위해 수년 동안 생태조사 작업을 했던 '새만금 시민생태조사단'이 대표적이다.

오늘날 과학은 우리에게 없어서는 안 될 중요한 분야이자 사회적 제도다. 그렇지만 과학이 중요한 만큼 그로 인한 여러 가지 부작용과 갈등 또한 피할 수 없다. 따라서 과학자뿐 아니라 시민사회 전체가 과학이 올바른 방향으로 나아가는 데 노력을 기울여야 한다. 필자도 오랫동안 중고등학교 과학 교사들과 함께 인공지능이나 신경과학 등 다양한 주제를 놓고 학생들이 참여하는 과학 토론 프로그램을 진행해왔다. 이러한 작은 노력이 모일 때 소중한 과학이 모든 사람에게 공익적이고 정의롭게 쓰일 수 있을 것이다.

더 읽으면 좋은 책들 

1장

《수량화 혁명: 유럽의 패권을 가져온 세계관의 탄생》, 앨프리드 W. 크로스비, 김병화 옮김, 심산, 2005.

《역사 속의 과학》, 김영식 편, 창작과비평사, 1982.

《현대과학의 풍경 1, 2》, 피터 보울러, 이완 리스 모리스, 김봉국·서민우·홍성욱 옮김, 궁리, 2008.

2장

《20세기, 그리고 그 너머의 과학사》, 존 에이거, 김명진·김동광 옮김, 뿌리와이파리, 2023.

《야누스의 과학: 20세기 과학기술의 사회사》, 김명진, 사계절, 2008.

《원자폭탄 만들기 1, 2》, 리처드 로즈, 문신행 옮김, 사이언스북스, 2003.

《침묵의 봄》, 레이첼 카슨, 김은령 옮김, 에코리브르, 2011.

3장

《과학의 새로운 정치사회학을 향하여: 제도, 연결망, 그리고 권력》, 스콧 프리켈, 켈리 무어, 김동광·김명진·김병윤 옮김, 갈무리, 2013.

《급진과학으로 본 유전자, 세포, 뇌》, 힐러리 로즈, 스티븐 로즈, 김명진·김동광 옮김, 바다출판사, 2015.

《불확실한 시대의 과학 읽기》, 김동광·김명진·김병수 외, 궁리, 2017.

《생명의 사회사: 분자적 생명관의 수립에서 생명의 정치경제학까지》, 김동광, 궁리, 2017.

4장

《GMO 사피엔스의 시대: 맞춤아기, 복제인간, 유전자변형기술이 가져올 가까운 미래》, 폴 뇌플러, 김보은 옮김, 반니, 2016.

《과학, 기술, 민주주의: 과학기술에서 전문가주의를 넘어서는 시민참여의 도전》, 대니얼 리 클라인맨 엮음, 김명진 · 김병윤 · 오은정 옮김, 갈무리, 2012.

《과학과 사회운동 사이에서: 68에서 게놈프로젝트까지》, 존 벡위드, 이영희 · 김동광 · 김명진 옮김, 그린비, 2009.

《낯선 기술들과 함께 살아가기》, 김동광 지음, 이혜원 그림, 풀빛, 2021.

《로잘린드 프랭클린과 DNA》, 브렌다 매독스, 나도선 · 진우기 옮김, 양문, 2004.

그림 출처

그림1 AstroWiki, https://www.astro.com/astrowiki/en/File:Hermes Trismegistos.jpg

그림2 Wikimedia Commons, https://commons.wikimedia.org/wiki/File:Descartes_mind_and_body.gif

그림3 Wikimedia Commons, https://commons.wikimedia.org/wiki/File:Prinicipia-title.png

그림4 Wikimedia Commons, CC BY-SA, https://commons.wikimedia.org/wiki/File:Harrison%27s_Chronometer_H5.JPG

그림5 본 저작물은 문화재청에서 2007년 작성하여 공공누리 제1유형으로 개방한 '성변등록'을 이용하였으며, 문화재청 국가문화유산포털에서 무료로 다운받을 수 있습니다. http://www.heritage.go.kr/heri/cul/culSelectDetail.do?pageNo=1_1_2_0&ccbaCpno=2111102220000

그림6 Wikimedia Commons, CC BY, https://commons.wikimedia.org/wiki/File:World_War_One;_stretcher_bearers_wearing_gas_masks_Wellcome_L0009474.jpg

그림7 https://fontmeme.com/the-imitation-game-font/

그림8 Wikimedia Commons, https://commons.wikimedia.org/wiki/File:Trinity_Test_-_Oppenheimer_and_Groves_at_Ground_Zero_002.jpg

그림9 Wikimedia Commons, https://commons.wikimedia.org/wiki/File:Atomic_bombing_of_Japan.jpg

그림10 Wikimedia, Fair use, https://upload.wikimedia.org/wikipedia/
en/7/73/Slim-pickens_riding-the-bomb_enh-lores.jpg

그림11 Wikimedia Commons, CC BY, https://commons.wikimedia.
org/wiki/File:ENIAC_Penn1.jpg

그림12 Wikimedia Commons, https://commons.wikimedia.org/wiki/
File:1955._Ford_tri-motor_spraying_DDT._Western_spruce_
budworm_control_project._Powder_River_control_unit,_OR._
(32213742634).jpg

그림13(좌) Wikimedia Commons, https://commons.wikimedia.org/wiki/
File:Rachel-Carson.jpg

그림13(우) Wikimedia, Fair use, https://en.wikipedia.org/wiki/
File:SilentSpring.jpg

그림14 Wikimedia Commons, https://commons.wikimedia.org/wiki/
File:Einstein-Roosevelt-letter.png

그림15 Wikimedia Commons, CC BY, https://commons.wikime-
dia.org/wiki/File:Ananda_Mohan_Chakrabarty_-_Kolka-
ta_2009-11-08_2979.JPG

그림16 Wikimedia Commons, https://commons.wikimedia.org/wiki/
File:Logo_HGP.jpg

그림17 © National Academy of Sciences

그림18 Shutterstock, https://www.shutterstock.com/ko/image-vec-
tor/digital-divide-simple-line-drawing-illustration-2123141438

그림19 연합뉴스 Hello Archive

그림20 © Our World in Data, https://ourworldindata.org/grapher/
share-people-fully-vaccinated-covid?tab=map

그림21 Wikimedia Commons, https://commons.wikimedia.org/wiki/
File:%22Colored%22_drinking_fountain_from_mid-20th_cen-
tury_with_african-american_drinking.jpg

그림22 Wikimedia Commons, CC BY-SA, https://commons.wikimedia.
org/wiki/File:Rosalind_Franklin.jpg

그림23 Wikimedia, Fair use, https://en.wikipedia.org/wiki/
File:Photo_51_x-ray_diffraction_image.jpg

그림24 작가 제공

10대에게 들려주는 과학 이야기

왜 과학이 문제일까?

1판 1쇄 인쇄 2026년 1월 2일
1판 1쇄 발행 2026년 1월 15일

—

지은이 김동광

—

펴낸이 백성빈
펴낸곳 반니출판
주소 서울 서초구 서초중앙로 69 806호
전화 02-6204-0491
전자우편 banni@banni.co.kr
출판등록 2025년 10월 13일 (제2025-000266호)

—

ISBN 979-11-996528-1-1 43400

—

책값은 뒤표지에 있습니다.
잘못된 책은 구입하신 곳에서 교환해드립니다.